U0322750

溶液燃烧合成及应用

Solution Combustion Synthesis and Its Applications

文　伟　吴进明　廖双泉　著

科　学　出　版　社

北　京

内 容 简 介

本书根据著者在溶液燃烧合成领域的研究成果，结合近年来国内外的研究进展，阐述溶液燃烧合成法材料制备及其在能源与环境领域的应用。首先介绍了溶液燃烧合成的原理、特点、燃烧反应热力学等基本知识；针对溶液燃烧中产物的“物相控制”和“形貌控制”等关键问题展开讨论；最后介绍溶液燃烧合成材料在锂离子电池、超级电容器、气体传感器、环境修复等能源与环境领域的应用及近年来发展的溶液燃烧合成新模式。

本书可帮助读者全面、深入地掌握溶液燃烧方面的基本知识，了解溶液燃烧领域近年来的国内外研究进展，主要适合于能源、材料、化学、化工等学科的研究人员，如高校教师和研究生等。

图书在版编目(CIP)数据

溶液燃烧合成及应用/文伟，吴进明，廖双泉著.—北京：科学出版社，2018.7
ISBN 978-7-03-057256-1

Ⅰ.①溶… Ⅱ.①文… ②吴… ③廖… Ⅲ.①沸腾燃烧 Ⅳ.①TQ038.1

中国版本图书馆CIP数据核字（2018）第083344号

责任编辑：周 涵 / 责任校对：彭珍珍
责任印制：张 伟 / 封面设计：无极书装

科学出版社出版
北京东黄城根北街16号
邮政编码：100717
http://www.sciencep.com
北京虎彩文化传播有限公司印刷
科学出版社发行 各地新华书店经销
*
2018年7月第 一 版 开本：720×1000 B5
2019年11月第二次印刷 印张：8 3/4
字数：140 000

定价：58.00元

（如有印装质量问题，我社负责调换）

前　　言

溶液燃烧合成是一种简单高效的材料制备方法，它利用反应自身放出的热量维持反应的进行，具有节能、快速等优势，是一种适合大规模生产的低成本材料制备技术。但是，溶液燃烧合成法存在“燃烧过程可控性差”和“产物形貌可控性差”两大缺点。对溶液燃烧合成法进行改性，在此基础上发展简单、适合大规模生产的高性能纳米材料制备方法，具有重要的科学意义和应用价值。

著者根据自己的研究成果，结合近年来国内外溶液燃烧合成领域的研究进展，撰写了本书。全书共 5 章：第 1 章介绍溶液燃烧合成基础知识，结合文献总结分析了燃烧反应热力学和燃烧合成机理；第 2 章总结溶液燃烧中产物的物相控制和形貌控制的研究进展，提出物相和形貌控制的机理和方法；第 3 章在简要介绍多孔材料及其常规制备方法的基础上，重点介绍溶液燃烧改性实现多孔材料制备新技术；第 4 章主要介绍溶液燃烧合成材料的应用，包括在锂离子电池、超级电容器、光催化、光电催化和气体传感器等领域的性能特点；第 5 章介绍溶液燃烧的一些新模式，包括溶液燃烧与外场相结合、溶液燃烧与其他合成方法相结合，以及工业应用设备等。具体撰写分工如下：第 1 章由吴进明撰写；第 2—4 章由文伟撰写；第 5 章由廖双泉和吴进明撰写。全书的统稿由三位著者一起完成。

由于著者水平有限，不妥之处在所难免，竭诚希望广大读者批评指正。

著　者
2018 年 1 月

目　　录

第 1 章　溶液燃烧合成简介

1.1　溶液燃烧合成

溶液燃烧合成（solution combustion synthesis，SCS）利用反应物（氧化剂和还原剂）之间的自蔓延燃烧反应实现材料的制备，是一种简单、快速、节能的材料合成方法。溶液燃烧法的发展历史可追溯到 20 世纪 80 年代。1988 年，印度研究人员 Patil 等将九水合硝酸铝（氧化剂）和尿素（还原剂）溶于去离子水中，随后放入 500 ℃马弗炉中，溶液历经沸腾、发泡和燃烧，最终得到 Al_2O_3 材料，燃烧过程中火焰的最高温度达到 1350 ℃[1]。

溶液燃烧法属于燃烧合成法（combustion synthesis，CS）中的一种，燃烧合成法主要包含三类方法[2]：

（1）自蔓延高温燃烧合成（self-propagating high-temperature synthesis，SHS)，初始反应物为固相。

（2）溶液燃烧合成，初始反应物介质为溶液（液相）。

（3）火焰合成（flame synthesis)，气相燃烧。

与另外两种燃烧法相比，溶液燃烧法具有一些独有的特征[3]：

（1）在自蔓延高温燃烧合成中，反应物为固相颗粒（尺寸通常为 10^2 ～ 10^5 nm)；而在溶液燃烧法中，反应物均溶解于一定的溶剂（通常为水），可达到分子水平的均匀混合。

（2）在自蔓延高温燃烧合成中，生成产物的反应和燃烧反应为同一反应；而在溶液燃烧法中，产物的形成和燃烧来自不同的反应。

(3) 溶液燃烧过程中会产生大量的气体。

自蔓延高温燃烧合成的反应物为固态混合，且反应温度较高（通常大于2000 K），因而所得产物颗粒尺寸通常较大，难以直接制备纳米材料[4,5]。溶液燃烧法将反应物溶解于溶剂中，可达到分子水平的均匀混合，反应最高温度与自蔓延高温燃烧合成相比较低，且反应中释放的大量气体可加快产物的冷却速度，所以适用于纳米材料的制备。

溶液燃烧合成利用氧化物和还原剂之间放热的氧化还原反应来达到自蔓延的效果，即产物晶格形成所需的能量由其内部化学能提供。因此，溶液燃烧合成所需的外界能量仅用于触发燃烧反应（达到点燃温度），不同于传统合成方法中需要外界能量的持续输入来促使晶格的形成[6]。溶液燃烧法通常以水为溶剂。氧化剂通常为金属硝酸盐，因为硝酸盐在水中具有较高的溶解度，且分解温度较低；当所需的产物的金属元素没有对应的硝酸盐时，可用硝酸或硝酸铵作为氧化剂。通常将富含C、H元素的有机物（如甘氨酸、柠檬酸、尿素等）作为燃料，其燃烧可释放出较高的热量。不同燃料的活性存在一定的差异，常见官能团的活性顺序为：$—NH_2>—OH>—COOH$[7]。某些燃料还可与金属离子络合，有利于提高反应物的混合均匀度，防止脱水过程中金属离子的选择性沉淀[7]。例如，尿素与$Fe(NO_3)_3/Al(NO_3)_3$可形成配位结构[8]，如图1.1所示。有时根据需要，也可将多种燃料组成“混合燃料”。一种理想的燃料应具有以下特征：

(1) 在水中具有较高的溶解度；

(2) 分解温度较低；

(3) 燃烧反应不剧烈（不危险）；

(4) 容易获得、成本较低。

除了燃料的种类，燃料的用量（即燃料/氧化剂比例）也会影响固相燃烧产物的物相、形貌、颗粒尺寸、比表面积等性质。在溶液燃烧中，可用推进剂化学理论来计算燃料和氧化剂的“氧化价态”和“还原价态”[9,10]。其中，金属、C、

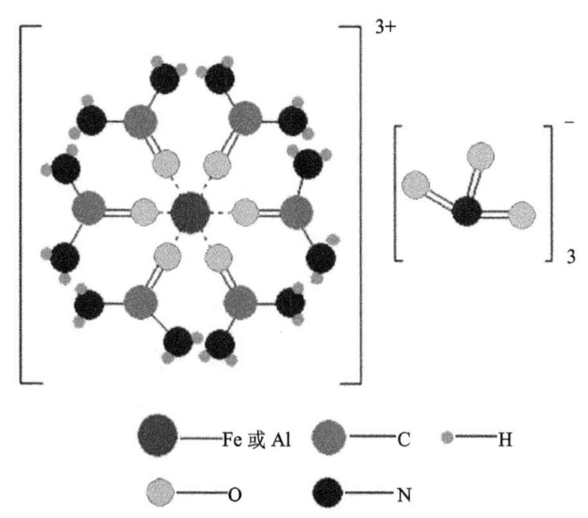

图1.1 "Fe(Al)-尿素-硝酸根"配位结构示意图[8]

H元素为还原性元素；O元素为氧化性元素。根据推进剂化学理论，假设反应后的气相产物为CO_2、H_2O、N_2，则C、H、N、O元素的"价态"分别为+4、+1、0、−2。以尿素与氧化剂［$M(NO_3)_v$］的燃烧反应为例，尿素的"价态"为+6，其反应方程式为

$$M(NO_3)_v+\left(\frac{5}{6}v\varphi\right)CO(NH_2)_2+v\frac{5}{4}(\varphi-1)O_2\longrightarrow$$

$$MO_{v/2}+\left(\frac{5}{6}v\varphi\right)CO_2(g)+\left(\frac{5}{3}v\varphi\right)H_2O(g)+v\left(\frac{3+5\varphi}{6}\right)N_2(g) \tag{1-1}$$

v为金属M的价态。当$\varphi=1$时，满足推进剂化学计量比，即燃料燃烧所需的氧化剂均来自金属硝酸盐，不需要空气中的O_2参与；$\varphi>1$和$\varphi<1$则分别表示燃料剩余（fuel rich）和燃料不足（fuel lean）的情况。

相对于其他合成方法，溶液燃烧合成具有许多明显的优势[11]：

（1）所需能量输入较低；

（2）反应速度较快（材料合成时间短）；

（3）对设备要求较低（仅需一台加热装置）；

（4）原材料价格较低；

（5）反应物可以达到分子水平的均匀混合；

（6）产物的成分容易控制。

溶液燃烧合成可分为两种模式：体积燃烧模式和自蔓延燃烧模式[12,13]。前者是对反应溶液或凝胶整体进行均匀的加热，例如，利用马弗炉和微波炉等进行加热；后者则对凝胶局部较小的体积范围（$\sim$1 mm^3）进行加热点燃反应，以自蔓延的形式向剩余的体积推进。在溶液燃烧合成中，第一种加热方式较常用；但第二种方式的可控性更好，更有利于机理研究。最终的燃烧模式主要取决于加热方式和燃烧体系（如成分等）。

1.2 溶液燃烧反应热力学

根据能量最低原理，能量较高的反应物可自发地向能量更低、更稳定的状态转变。硝酸盐与燃料的氧化还原反应的驱动力来自反应体系吉布斯自由能（G）的降低，反应物与产物的能量差值将转变为热量。因此，在绝热条件下，结合燃烧反应方程式（1-1），绝热燃烧温度（T_{ad}）可用下式进行计算[3]：

$$Q=\int_{T_0}^{T_{ad}}\sum_j n_j C_{p,j}\,\mathrm{d}T \tag{1-2}$$

式中，Q 为绝热燃烧温度；n 为产物 j 的物质的量；$C_{p,j}$（T）为产物 j 的比热容（与温度有关）。式（1-2）的假设条件是反应过程中没有发生相变（如熔化、气化、分解等）。当反应中有相变发生时，还应当考虑相变所吸收的能量。其中，比热容与温度之间满足多项式关系[14]：

$$C_p=A+B\cdot T+C\cdot T^2 \tag{1-3}$$

将式（1-3）代入式（1-2）中，可得到

$$\begin{aligned}&\frac{\sum_j n_jC_j}{3}T_{ad}^3+\frac{\sum_j n_jB_j}{2}T_{ad}^2+\sum_j n_jA_jT_{ad}\\&-\left[Q+\frac{\sum_j n_jC_j}{3}T_0^3+\frac{\sum_j n_jB_j}{2}T_0^2+\sum_j n_jA_jT_0\right]=0\end{aligned} \tag{1-4}$$

通过求解式（1-4）可得到绝热燃烧温度（T_{ad}）。有时，为了简化求解过程，可近似将比热容当作常数处理（即近似认为比热容与温度无关，式（1-4）中的 B_j，$C_j=0$），此时，绝热燃烧温度可用下式表示：

$$T_{ad} = T_0 + Q/\overline{C}_p \tag{1-5}$$

式中，$\overline{C}_p = \sum_j n_j A_j$。值得注意的是，该简化方式导致计算出的绝热燃烧温度偏高，因此，主要适用于产物的比热容随温度变化不大的情况。

周启来等以柠檬酸（$C_6H_8O_7$）作为燃料，$LiNO_3$ 和 $TiO(NO_3)_2$ 作为氧化剂，通过溶液燃烧法制备了 Li_2TiO_3，反应方程式如下：

$$2LiNO_3 + TiO(NO_3)_2 + 1.11\varphi C_6H_8O_7 + 5(\varphi-1)O_2 \longrightarrow$$
$$Li_2TiO_3 + 6.67\varphi CO_2 + 4.44\varphi H_2O \tag{1-6}$$

他们计算了该反应的绝热燃烧温度，并与实际测量的温度进行对比，结果如图1.2所示[15]。可以看出，理论燃烧温度（T_f）随燃料用量（φ）的增加而升高；但实测温度（T_c）却随燃料用量的增加而下降，此外，理论燃烧温度和实测温度有一定差异，且该差异随燃料用量的增加而增大。此温度差异可能是由以下原因造成的[3,15]：①燃烧反应不是在理想绝热条件下进行的，反应体系和环境之间存在热量交换；②在燃料过量的情况下，燃料的燃烧不完全，因为与起始溶液中燃料/氧化剂的分子水平均匀混合相比，空气中 O_2 与燃料反应相对困难（O_2 需要扩散到固态产物中才能进行反应）；③真实反应与式（1-6）有差异；④在溶液燃烧中，氧化物的形成来自硝酸盐的分解，而燃烧反应则来自气相反应，因此，最高温度可能存在于气相而非固相产物中。

上述计算是建立在产物已知的前提下，而通常情况下，并不知道特定体系和条件下的反应产物。因此，在热力学计算中，需要同时确定产物和燃烧温度，这需要软件的辅助。表1.1列出了常用的热力学计算软件，其中，THERMO软件主要针对燃烧反应而开发[3,16,17]。另外，可利用 Thermo-Calc 等软件计算平衡相图[18]。

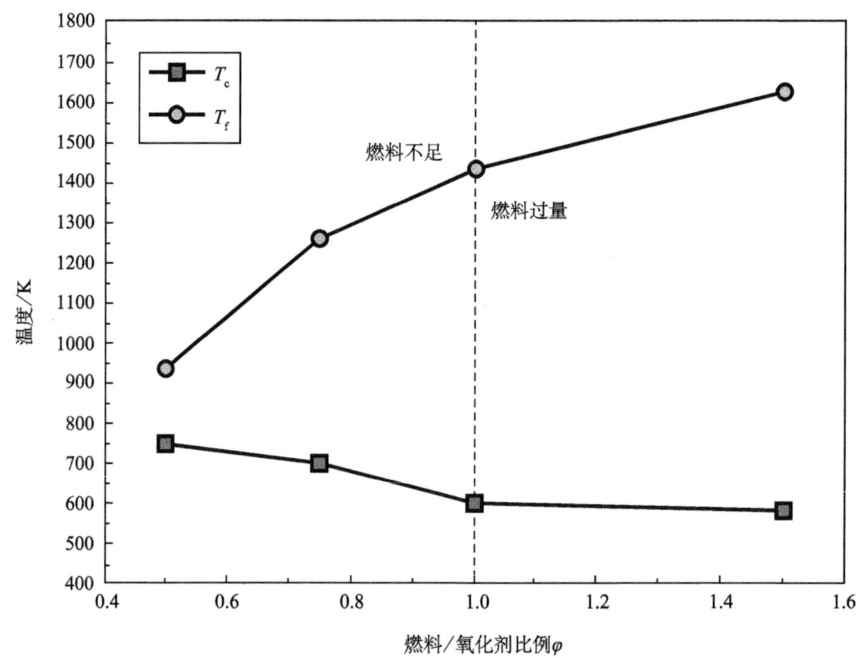

图 1.2　溶液燃烧合成 Li_2TiO_3 体系的产物最高温度[15]

表 1.1　常用的热力学计算软件[3]

名称	开发者	来源
CHEMKIN	Sandia National Laboratory（USA）	www. ReactionDesign. com
CEA	National Agency for Aeronautics and Space Administration（NASA，USA）	www. grc. nasa. gov/WWW/CEAWeb/ceaHome. htm
MTDATA	Materials Thermochemistry Section at National Physical Laboratory（UK）	www. npl. co. uk
Thermo-Calc	Department of Materials Science and Technology at the Royal Institute of Technology（Sweden）	www. thermocalc. com
THERMO	Institute of Structural Macrokinetics and Materials Science of Russian Academy of Sciences（ISMAN，Russia）	http：//www. ism. ac. ru

1.3　溶液燃烧合成机理

由于溶液燃烧过程较复杂，涉及气体之间的放热反应、固相转变、固/气界面、传热、传质等问题，所以目前关于溶液燃烧机理的研究较少，其确切的机理仍需进一步深入探索。溶液燃烧的反应历程可通过热重-差热分析（TG-DSC）曲线和“温度-时间”曲线进行分析。结合1.2节介绍的热力学计算，可以估算燃烧反应的绝热温度和预测所得产物。例如，Kumar等计算了硝酸镍和甘氨酸燃烧反应体系的平衡产物，发现随着燃料用量的增加，反应产物由NiO向NiO/Ni，并最终向单质Ni转变[19]。

Deshpande等详细研究了硝酸铁与不同燃料（包括甘氨酸、柠檬酸、水合肼）之间的燃烧反应，并研究了不同气氛（空气和Ar）下的反应特征[20]。图1.3为硝酸铁与甘氨酸反应体系的“温度-时间”曲线。图1.3（a）为$\varphi=1$时（即燃料和氧化剂的比例满足推进剂化学计量比）的情况：阶段Ⅰ为溶液被加热到水的沸点；阶段Ⅱ为干燥过程，即水分的蒸发；在阶段Ⅲ，反应体系被继续加热，直至温度达到点燃温度；阶段Ⅳ为点燃后，燃烧反应导致温度突然上升；阶段Ⅴ为冷却阶段。当$\varphi=3$时（即燃料过量），出现了两个温度极大值（图1.3（b）），第二个温度极大值的出现可能是因为过量的燃料（即未被硝酸盐氧化完全的燃料）在空气中进一步发生燃烧反应（燃料和O_2之间的反应）；第二次燃烧的反应速度比第一次燃烧的反应速度明显更慢，因为第二次燃烧涉及氧气的扩散，而第一次燃烧反应则在均匀混合的甘氨酸和硝酸铁之间发生。通过对比空气和Ar中的“温度-时间”曲线及不同φ值的“温度-时间”曲线，可以发现，燃烧反应的点燃温度与气氛及燃料/氧化剂比值没有直接的联系。进一步对比不同的燃料

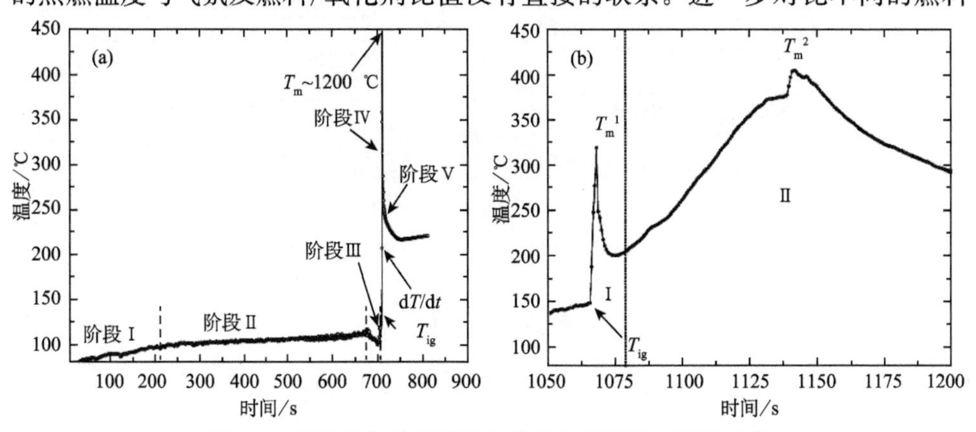

图1.3　硝酸铁与甘氨酸反应体系的“温度-时间”曲线

（a）$\varphi=1$；（b）$\varphi=3$

可以发现，燃烧反应的点燃温度取决于燃料或硝酸盐的分解温度或沸点。

Mukasyan 课题组详细研究了溶液燃烧中金属颗粒形成的机理[21,22]。他们利用原位技术（*in situ* techniques）和电子显微镜研究了“硝酸镍-甘氨酸”体系的燃烧反应机理[22]。他们发现，在反应的早期先形成 NiO，随后 NiO 被过量燃料分解释放的还原性气体还原为金属单质 Ni。在“硝酸镍-甘氨酸”体系中，燃烧反应的驱动力主要来源于硝酸镍分解产生的 N_2O 和甘氨酸分解产生的 NH_3 之间的放热反应；由于燃料（甘氨酸）过量，多余的燃料分解释放的 NH_3 将硝酸镍分解形成的 NiO 进一步还原为金属 Ni，整个反应历程可用图 1.4 表示。但在“硝酸铁-甘氨酸”反应体系中，不能制备出金属单质 Fe，因为热力学计算发现，即使温度高达 1500 ℃，在燃料过量条件下燃烧反应产生的还原性气体（NH_3、H_2）仍不能将 FeO 还原为 Fe。

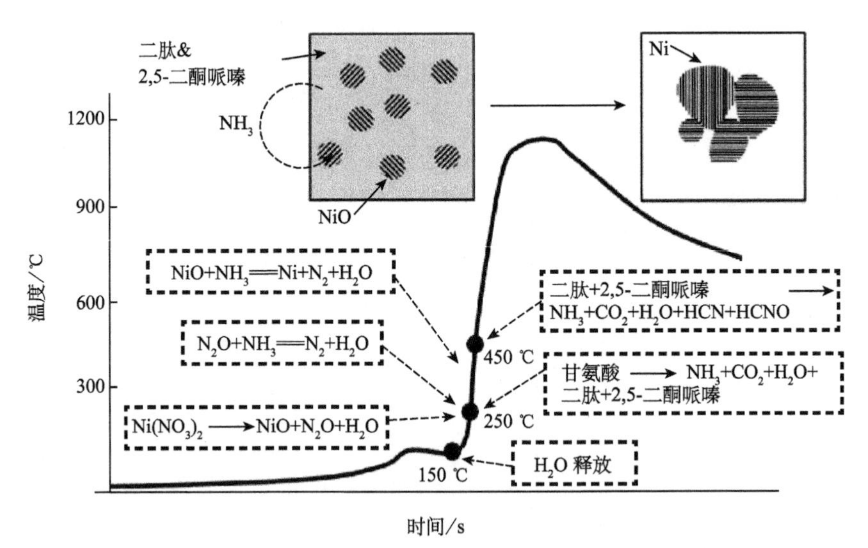

图 1.4 “硝酸镍-甘氨酸”燃烧反应形成金属 Ni 的机理[22]

参 考 文 献

[1] Kingsley J J，Patil K C. A novel combustion process for the synthesis of fine particle α-alumina and related oxide materials. Materials Letters，1988，6：427 - 432.

[2] Aruna S T，Mukasyan A S. Combustion synthesis and nanomaterials. Current Opinion in Solid State & Materials Science，2008，12：44 - 50.

[3] Varma A，Mukasyan A S，Rogachev A S，Manukyan K V. Solution combustion synthesis of nanoscale materials. Chemical Reviews，2016，116：14493 - 14586.

[4] Wen W，Wu J M. Nanomaterials via solution combustion synthesis：A step nearer to controllability. RSC Advances，2014，4：58090 - 58100.

[5] Birol H，Rambo C R，Guiotoku M，Hotza D. Preparation of ceramic nanoparticles via cellulose-assisted glycine nitrate process：A review. RSC Advances，2013，3：2873 - 2884.

[6] Kim M G，Kanatzidis M G，Facchetti A，Marks T J. Low-temperature fabrication of high-performance metal oxide thin-film electronics via combustion processing. Nature Materials，2011，10：382 - 388.

[7] Erri P，Pranda P，Varma A. Oxidizer-fuel interactions in aqueous combustion synthesis. 1. Iron（Ⅲ）nitrate-model fuels. Industrial & Engineering Chemistry Research，2004，43：3092 - 3096.

[8] Zhang J S，Guo Q J，Liu Y Z，et al. Preparation and characterization of Fe_2O_3/Al_2O_3 using the solution combustion approach for chemical looping combustion. Industrial & Engineering Chemistry Research，2012，51：12773 - 12781.

[9] Jain S R，Adiga K C，Verneker V R P. A new approach to thermochemical calculations of condensed fuel-oxidizer mixtures. Combustion and Flame，1981，40：71 - 79.

[10] Saradhi M P，Varadaraju U V. Photoluminescence studies on Eu^{2+} activated Li_2SrSiO_4 a potential orange-yellow phosphor for solid-state lighting. Chemistry of Materials，2006，18：5267 - 5272.

[11] Rajeshwar K，de Tacconi N R. Solution combustion synthesis of oxide semiconductors for solar energy conversion and environmental remediation. Chemical Society Reviews，2009，38：1984－1998.

[12] Mukasyan A S，Epstein P，Dinka P. Solution combustion synthesis of nanomaterials. Proceedings of the Combustion Institute，2007，31：1789－1795.

[13] Mukasyan A S，Dinka P. Novel approaches to solution-combustion synthesis of nanomaterials. International Journal of Self-Propagating High-Temperature Synthesis，2007，16：23－35.

[14] Wagman D D，Evans W H，Parker V B，Schumm R H，Halow I，Bailey S M，Churney K L，Nuttall R L. The NBS tables of chemical thermodynamic properties. Journal of Physical and Chemical Reference Data，1982，11：1

[15] Zhou Q，Mou Y，Ma X，Xue L，Yan Y. Effect of fuel-to-oxidizer ratios on combustion mode and microstructure of Li_2TiO_3 nanoscale powders. Journal of the European Ceramic Society，2014，34：801－807.

[16] Shiryaev A A. Distinctive features of thermodynamic analysis in SHS investigations. Journal of Engineering Physics and Thermophysics，1993，65：957－962.

[17] Shiryaev A A. Thermodynamics of SHS processes：Advanced approach. International Journal of Self-Propagating High-Temperature Synthesis，1995，4：351－362.

[18] Serena S，Moreno B，Chinarro E，Jurado J R，Caballero A. Application of the thermodynamic calculation of the Pt-Ni-Ru-(O_2) system to the development of Pt-based catalyst. Journal of Alloys and Compounds，2014，583：481－487.

[19] Kumar A, Wolf E E, Mukasyan A S. Solution combustion synthesis of metal nanopowders: Nickel-reaction pathways. AIChE Journal, 2011, 57: 2207－2213.

[20] Deshpande K, Mukasyan A, Varma A. Direct synthesis of iron oxide nanopowders by the combustion approach: Reaction mechanism and properties. Chemistry of Materials, 2004, 16: 4896－4904.

[21] Kumar A, Wolf E E, Mukasyan A S. Solution combustion synthesis of metal nanopowders: Copper and copper/nickel alloys. AIChE Journal, 2011, 12: 3473.

[22] Manukyan K V, Cross A, Roslyakov S, Rouvimov S, Rogachev A S, Wolf E E, Mukasyan A S. Solution combustion synthesis of nanocrystalline metallic materials: Mechanistic studies. Journal of Physical Chemistry C, 2013, 117: 24417－24427.

第 2 章　溶液燃烧中的物相控制和形貌控制

材料的内在性能取决于其成分和结构，所以在材料制备中，产物的物相和形貌，特别是纳米形貌控制至关重要。本章主要介绍溶液燃烧产物物相控制和形貌控制的研究进展。

2.1　物相控制

2.1.1　氧化物

目前溶液燃烧法主要用于金属氧化物的制备，因为金属硝酸盐的分解产物即为氧化物；在溶液燃烧中，燃料的加入可降低金属硝酸盐向金属氧化物转变的温度。例如，最早 Patil 等以硝酸铝和尿素为原料，通过溶液燃烧法制备了 Al_2O_3[1]。与其他材料制备方法相比，溶液燃烧法的点燃温度较低，且不需要热量的持续输入（即自蔓延特性），具有节能、快速的优势。对于较复杂的多元金属氧化物，在燃烧反应结束后，通常还需要结合适当的后续热处理工艺才能获得最终所需的物相；但与其他方法相比，溶液燃烧法可显著降低后续热处理所需的温度和时间，减少材料制备能耗。以 $La_4Ni_3O_{10}$ 的制备为例，该材料的晶体结构如图 2.1 所示，为层状钙钛矿结构，由三层 $LaNiO_3$ 和一层 LaO 岩盐层沿 c 轴交错排列而成[2,3]。目前制备 $La_4Ni_3O_{10}$ 的方法主要有高温固相法[4]、Phechini 法[5]、柠檬酸盐法[6]和水热流法[7]等。但这些方法都需要烦琐的制备过程、较长的时间或复杂的设备。此外，$La_4Ni_3O_{10}$ 是一种难合成的物质，容易出现 La_2NiO_4、$La_3Ni_2O_7$ 和 $LaNiO_3$ 相的共存现象。我们采用溶液燃烧法结合后续热处理成功制备了单相 $La_4Ni_3O_{10}$，热处理温度为 1000 ℃，热处理时间仅需 3 h。表 2.1 总结了各种制备方法所需的热处理温度和时间，可以看出溶液燃烧法具有明显的优势。具体的制备过程为：将 18 mmol 的 $La(NO_3)_3 \cdot 6H_2O$、13.5 mmol 的 $Ni(NO_3)_2 \cdot 6H_2O$ 和 22.5 mmol 的柠檬酸溶解于去离子水中，然后将其转移到 500 ℃的马弗炉中，几分钟后，溶液经历蒸发、沸腾、起泡并被点燃，产生自蔓延燃烧，得到蓬松的灰黑色产物；将燃烧产物从炉子中取出、研磨后，于 1000 ℃热处理 3 h，得到最终的 $La_4Ni_3O_{10}$[8]。图 2.2 为合成产物的 XRD 图谱，可以看出，样品为单相的 $La_4Ni_3O_{10}$ 层状钙钛矿（JCPDS 50－0243），且没有其他杂质的存在。目前关于溶液燃烧合成金属氧化物的报道较多，此处不再赘述。

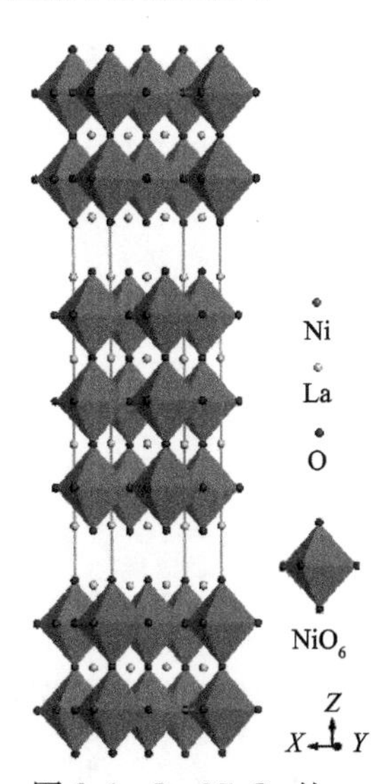

图 2.1　$La_4Ni_3O_{10}$ 的晶体结构示意图

表 2.1　$La_4Ni_3O_{10}$ 的制备方法的热处理工艺对比

方法	后续热处理工艺	参考文献
高温固相法	1000 ℃热处理过夜，再研磨，再于 1000 ℃热处理 1～2 天，重复此过程 12 次	[4]
硝酸盐法	900 ℃热处理 2 h，然后在 1080 ℃热处理 14 天	[6]
柠檬酸盐法	1080 ℃热处理 2 天	[6]
水热流法	1075 ℃热处理 12 h	[7]
溶液燃烧法	1000 ℃热处理 3 h	[8]

2.1.2　金属及合金

在溶液燃烧法中，燃料起着还原剂的作用，因此，通过增加燃料的用量（即燃料过量）可将硝酸盐分解形成的氧化物进一步还原为金属单质。2004 年，Rao 等[9]以 $C_9H_{18}N_2O_2$ 为燃料，利用溶液燃烧法得到了 Cu、Ni 纯金属单质和 CuNi 合金。随后，Jung 等[10]采用微波溶液燃烧法，在燃料过量（$\varphi>1$）的条件下在空气中直接通过一步燃烧反应得到了金属 Ni 颗粒。Erri 等[11]通过调节燃料/氧

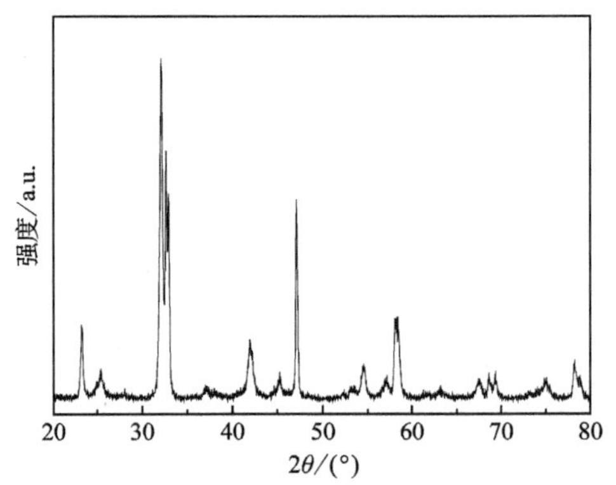

图 2.2 溶液燃烧结合后续热处理制备的 $La_4Ni_3O_{10}$ 的 XRD 图谱[8]

化剂的比例控制燃烧蔓延速度，最终获得金属 Ni 泡沫，并发现金属 Ni 的形成是因为燃料富集条件下产生了还原性气氛。

Jiang 等[12]也采用溶液燃烧法，以甘氨酸为燃料，在惰性气体的保护下得到了 Ni、Co、Cu、Ag、Bi 和 $Ni_{0.5}Co_{0.5}$ 等金属及合金纳米颗粒，并检测到燃烧反应过程中有 H_2、H_2O、CH_4、NO、CO_2、NH_3、NO_2 等气体产生，其中 H_2 和 CH_4 具有较强的还原能力，可将金属氧化物还原为金属单质。此外，他们还发现，过低的燃料/氧化剂比例不利于提供还原性气氛，而过高的燃料/氧化剂比例会降低燃烧温度，也不利于还原反应的进行。近年来，Mukasyan 课题组通过实验表征和热力学分析研究了溶液燃烧中金属纳米颗粒的形成途径（详见 1.3 节）[13−15]。目前溶液燃烧法已可用于制备多种金属或合金[10−19]，表 2.2 列举了几个典型的例子。

表 2.2 溶液燃烧法制备的主要金属和合金

金属或合金	燃料	气氛	溶剂	pH	加热温度/℃	干燥温度/℃	参考文献
Ni	甘氨酸	空气	水	\	微波	\	[10]
Ni、Cu、Co、Ni-Cu、Ni-Co	甘氨酸	空气	水	\	—	\	[11]
Co、Ni、Cu、Ag、Bi、Ni-Co	柠檬酸	N_2	水	7	300	95	[12]
Ni	甘氨酸	空气	水	\	—	—	[13]
Cu、Ni-Cu	甘氨酸	空气	水	\	—	—	[14]
Ni-Co	柠檬酸	N_2	水和乙醇	7	300～700	90	[17]
Cu、Ag、Ni	甘氨酸	空气	水	\	250	\	[18]
Ni-Cu-Fe	甘氨酸	空气	水	\	—	—	[19]

注：\ 表示不需要调节；—表示文献中未给出具体温度

2.1.3 硫化物

Tukhtaev等以硫脲（thiourea）或氨基硫脲（thiosemicarbazide）为燃料，在惰性气氛保护下，采用溶液燃烧法成功制备了多种金属硫化物，包括CdS、ZnS、NiS、NiS_2、CoS_2、Bi_2S_3、In_2S_3、Fe_7S_8等[20,21]。燃料还起着络合金属离子的作用，产物形貌和颗粒尺寸均与气压有关，但硫化物的形成机理仍不清楚[20]。此外，利用微波辅助溶液燃烧合成（以硫脲作为燃料）可以获得晶粒尺寸为10～15 nm的CdS[22]。Amutha等也以硫氰酸镉（cadmium thiocyanate）络合物为前驱体，采用微波辅助燃烧合成得到了CdS纳米颗粒[23]。Mani等将硝酸锌（氧化剂、锌源）和硫脲（燃料、硫源）溶解于水中，在热板上干燥，然后在350 ℃加热5 min得到了ZnS纳米材料[24]。以硝酸镍和硫脲为反应物，通过一步溶液燃烧反应，可以得到Ni_3S_2、NiS和NiS_2[25]。溶液燃烧得到硫化物的关键在于燃料种类的选择，即选择富含硫的有机物，如硫脲等。但到目前为止，在空气中燃烧得到的金属硫化物仍较少（主要有硫化镉、硫化锌和硫化镍），其他的硫化物的报道较少见，且物相形成机理尚不清楚。

2.1.4 碳化物

Hua等在“硝酸铁-柠檬酸”燃烧反应体系中，额外加入乙醇，并在N_2保护下得到金属Fe，通过进一步增加柠檬酸的用量还可以得到Fe_3C，但具体的机理仍不清楚[26]。Gu等以硝酸铁、甘氨酸、葡萄糖为原料，甘氨酸/葡萄糖的物质的量比为1～3，通过溶液燃烧结合后续热处理（700 ℃、N_2气氛）可获得Fe_3C/C复合材料，其中Fe_3C纳米颗粒的尺寸仅为几纳米[27]。

2.1.5 磷化物、磷酸盐、硅酸盐、硼酸盐

通过在起始溶液中添加$(NH_4)_2HPO_4$或$NH_4H_2PO_4$等磷源，采用溶液燃烧法结合后续热处理，可以制备出多种金属磷酸盐或磷化物，例如，$Ca_3(PO_4)_2$、

$Ca_{10}(PO_4)_6(OH)_2$、$LaPO_4$、$Na_3Al_2(PO_4)_3$：RE（RE 为稀土元素）、$LiFePO_4$、$Na_3Al_2(PO_4)_3$、$Li_3V_2(PO_4)_3/C$、$Ca_5(PO_4)_3Cl$、$Ca_{10}(PO_4)_6F_2$、$Sr_2P_2O_7$、$Sr_5(PO_4)_3Cl$、SrP 和 SrCaP 等[28-38]。以 SiO_2 作为硅源加入起始溶液中，可以通过溶液燃烧结合后续热处理获得 Li_2SrSiO_4[39] 和 Li_2FeSiO_4[40]。Wang 等以 H_3BO_3 为硼源，采用溶液燃烧结合后续热处理得到 Cu 掺杂的 $Li_2B_4O_7$[41]。

2.2 形貌控制

2.2.1 一维纳米结构

控制晶体的形核速度和随后的生长速度是获得高质量晶体的关键因素之一。由于燃烧反应较快、燃烧过程可控性较差，在溶液燃烧合成中，产物的形貌难以控制，典型的形貌为不规则颗粒的聚集体。将溶液燃烧法与其他方法相结合或通过对溶液燃烧进行改性，可制备具有特定纳米结构的金属氧化物。

1. *模板法*

在溶液燃烧的反应体系中加入适当的模板，可以制备出特殊形貌的材料。例如，以纳米管作为模板，可以制备出纳米管或纳米线。Yuan 等在溶液燃烧的前驱溶液中加入阳极氧化 Al_2O_3 模板（即 Al_2O_3 纳米管，AAO），可以得到羟基磷灰石纳米管[42]。如图 2.3（a）和（b）所示，所得羟基磷灰石为纤维状，长度和直径分别为 60 μm 和 100 nm[42]。从 TEM 照片（图 2.3（c））可以看出，该羟基磷灰石具有空心管状结构[42]。但与模板法类似，该制备过程需要制备模板和去除模板，过程与一般的溶液燃烧相比较复杂。Yang 等也以 AAO 为模板，采用溶液燃烧法制备了 $Ce_{0.9}Gd_{0.1}O_{2-x}$ 纳米管[43]，形貌如图 2.4 所示，比表面积为 112.7 $m^2 \cdot g^{-1}$。Li 等以 AAO 为模板，利用溶液燃烧法制备了 $BaFe_{12}O_{19}$ 纳米线镶嵌于 AAO 中[44]。Dong 等以棉纤维作为模板，通过溶液燃烧法制备了 CuO 空心微纤维[45]。

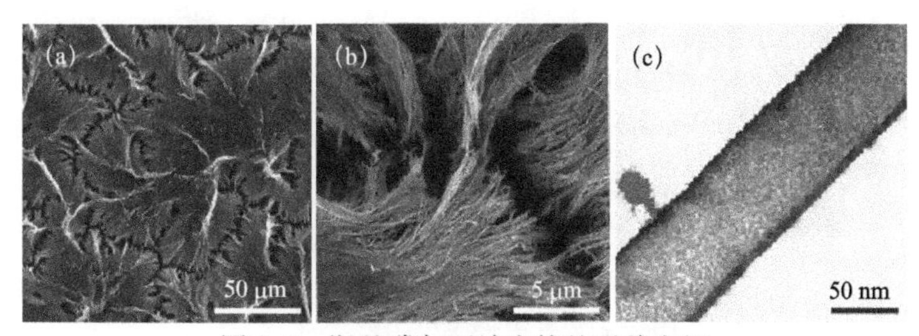

图 2.3 羟基磷灰石纳米管的形貌表征

(a) 和 (b) SEM 照片；(c) TEM 照片[42]

图 2.4 $Ce_{0.9}Gd_{0.1}O_{2-x}$纳米管的 TEM 照片[43]

2. 溶液燃烧结合后续热处理

将溶液燃烧得到的纳米颗粒进行高温热处理，在特定条件下可以获得一维纳米结构。例如，Ding 等采用溶液燃烧结合后续高温热处理得到了 $CaIn_2O_4$ 纳米棒[46]，先采用溶液燃烧法得到 $CaIn_2O_4$ 纳米颗粒（图 2.5（a）），经过高温热处理后，这些 $CaIn_2O_4$ 纳米颗粒连接成纳米棒结构（图 2.5（b）和（c）），热处理时间较短时明显可以看到颗粒连接的形貌（图 2.5（b））；热处理时间较长时得到结晶度较好、表面光滑的纳米棒（图 2.5（c））。纳米棒的形成可能与晶体材料本身的对称性及溶液燃烧的瞬间高温有关[46]。类似地，通过溶液燃烧，然后在 550 ℃热处理 24 h 可以获得 V_2O_5 纳米棒，形貌如图 2.6 所示[47]。Tao 等通过在 900 ℃和 1050 ℃一步高温热处理分别得到 $Al_4B_2O_9$（图 2.7（a）和（b））和 $Al_{18}B_4O_{33}$纳米线（图 2.7（c）和（d）），在制备过程中，燃烧反应在 6 min 内完成，然后继续在该温度热处理 2 h[48]，但作者未提供燃烧后产物的形貌，所以尚不清楚纳米线结构是在热处理前（燃烧后）形成还是热处理后形成。

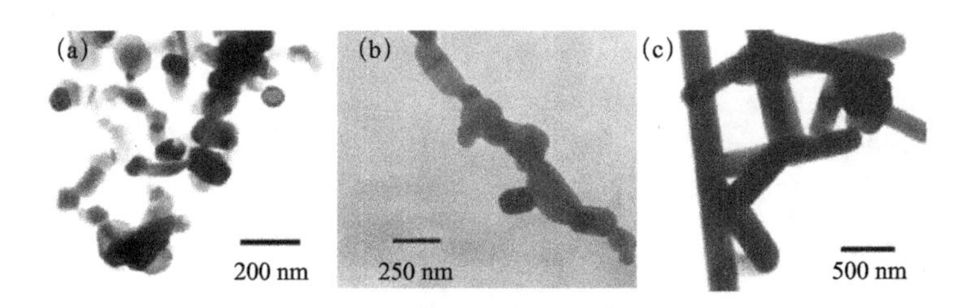

图 2.5 $CaIn_2O_4$ 的 TEM 照片[46]

(a) 溶液燃烧后；(b) 燃烧后再经过 1100 ℃热处理 2 h；(c) 燃烧后再经过 1100 ℃热处理 12 h

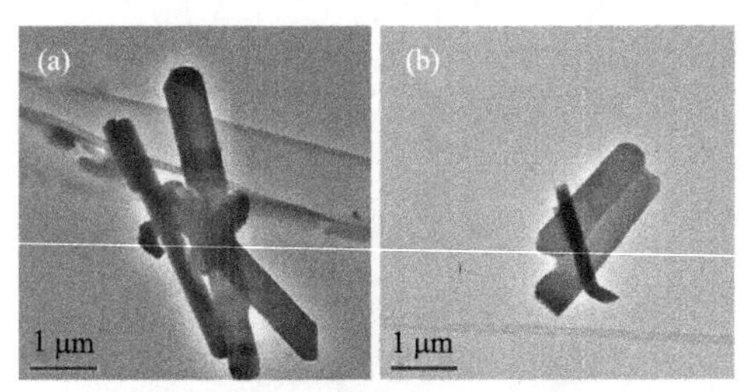

图 2.6 V_2O_5 纳米棒的 TEM 照片[47]

图 2.7 $Al_4B_2O_9$ 和 $Al_{18}B_4O_{33}$ 纳米线的 TEM 照片[48]

(a) 和 (b) $Al_4B_2O_9$；(c) 和 (d) $Al_{18}B_4O_{33}$

3. 熔融盐辅助溶液燃烧合成

Chen 等采用微波加热、KCl 辅助溶液燃烧，结合后续热处理得到$Sn_{1-x}RE_xO_{2-x/2}$ (RE=Y，La，Nd) 纳米棒，其直径和长度分别为 8～12 nm 和 100～200 nm，如图 2.8所示[49]。微波 KCl 辅助溶液燃烧得到的纳米颗粒在随后的熔融盐（热处理）过程中生成纳米棒[49]。以 $NaNO_3$ 为熔融盐，尿素为燃料，通过一步燃烧过程可以得到磷酸钙纳米线，形貌如图 2.9 所示[50]。溶液燃烧及微波加热产生的高温导致 $NaNO_3$ 融化，在熔融盐过程中，磷酸钙通过溶解-再结晶过程形成纳米线结构[50]。Nabiyouni 等也将微波溶液燃烧法和熔融盐法相结合，制备了氟磷灰石纳米线，形貌如图 2.10 所示[51]。

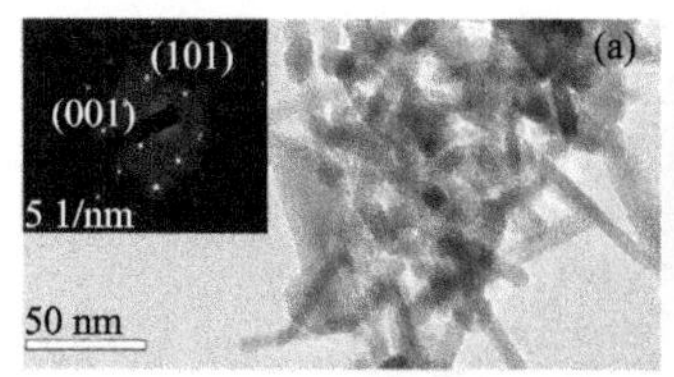

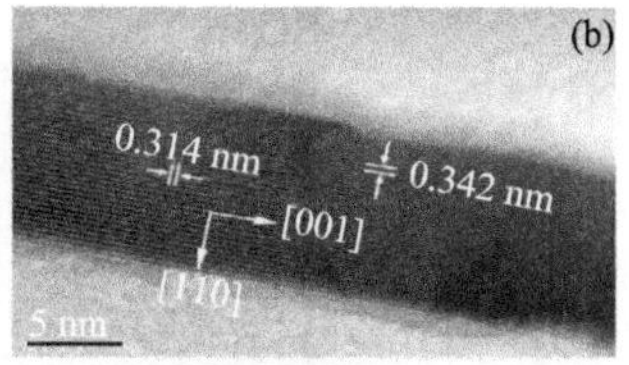

图 2.8　$Sn_{0.8}Y_{0.2}O_{1.9}$ 纳米棒的 TEM 照片[49]

图 2.9　羟基磷灰石纳米晶须的 SEM 照片[50]

图 2.10　氟磷灰石纳米线的 SEM 照片[51]

4. 直接溶液燃烧合成

Vidya 等以钼酸铵/仲钨酸铵、柠檬酸、硝酸、氨水为原料，通过一步溶液燃烧过程制备了 MoO_3 和 WO_3 纳米棒[52]，如图 2.11 所示。Chen 等以甘氨酸为燃料，通过一步溶液燃烧过程制备了 $W_{18}O_{49}$ 纳米棒，形貌如图 2.12 所示[53]。此外，他们还系统地研究了不同燃料对燃烧产物形貌影响的机理[53-55]。他们发现，甘氨酸中氨基和羧基的脱水聚合导致形成交联的网状结构，有利于 $W_{18}O_{49}$ 沿着［010］方向生长，最终形成纳米棒结构。而当以尿素作为燃料时，不管燃料用量是多是少，均不能获得纳米棒结构，因为尿素没有羧基，不能通过聚合反应得到交联的网状结构。当以尿素和柠檬酸一起作为燃料时，可以获得纳米棒结构，因为柠檬酸分子含有三个羧基。

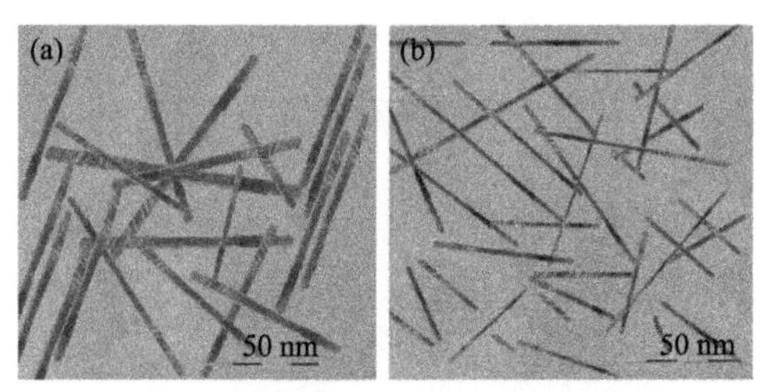

图 2.11 MoO_3（a）和 WO_3（b）纳米棒的 TEM 照片[52]

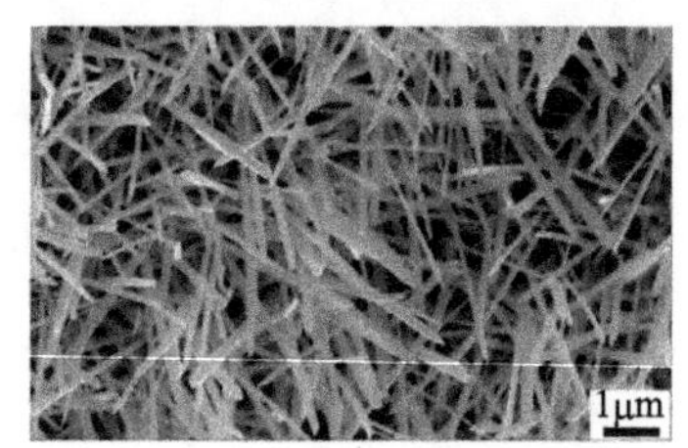

图 2.12 $W_{18}O_{49}$ 纳米棒的 SEM 照片[53]

2.2.2 二维纳米结构

1. 溶液燃烧合成

Umadevi 等以硝酸铜为氧化剂，甘氨酸为燃料，通过一步溶液燃烧法制备了 CuO 纳米片组成的花状结构，如图 2.13 所示，纳米片的厚度为 50 nm 左右[56]。Koseoglu 等发现利用溶液燃烧制备的 Ni 掺杂 ZnO 具有纳米片结构，形貌如图 2.14所示[57]。

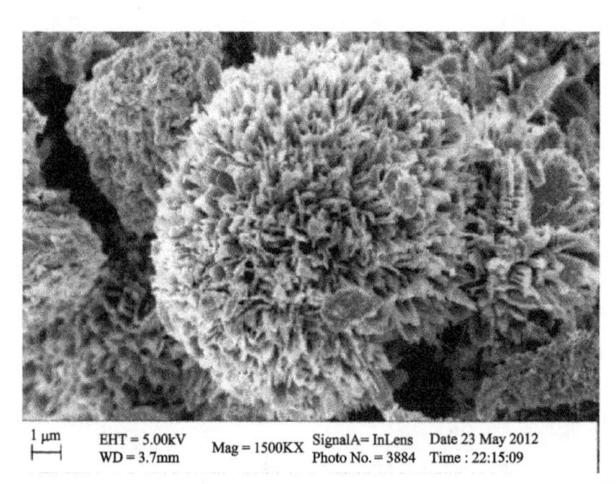

图 2.13 CuO 纳米片组成的花状结构的 SEM 照片[56]

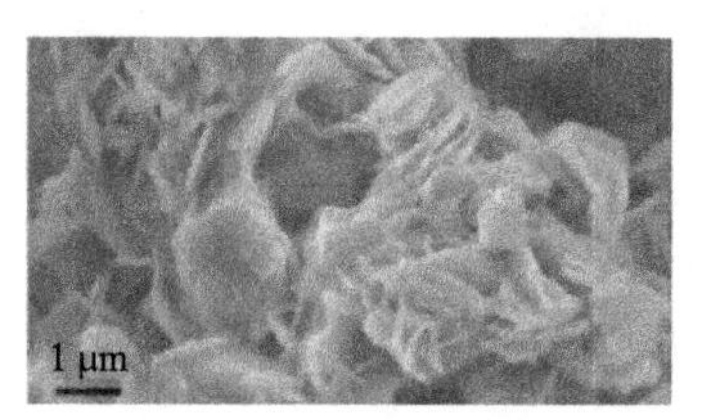

图 2.14 Ni 掺杂 ZnO 纳米片的 SEM 照片[57]

2. 溶液燃烧合成结合湿化学法

我们用硫酸氧钛、甘氨酸、硝酸作为原料，通过溶液燃烧过程得到一种钛基非晶络合物，并将其与 H_2O_2 在室温下反应，直接得到高比表面积、超薄的钛酸纳米带，将该钛酸纳米带热处理后可得到锐钛矿 TiO_2 且保留其纳米带形貌，如图 2.15 所示[58]。具体制备过程如下：将 1.25 g 硫酸氧钛、0.6 mL 硝酸和 1.75 g 甘氨酸加入 10 mL 去离子水中，超声 10 min，然后搅拌 1 h 混合均匀，再转移到 400 ℃恒温的炉子中，经大约 15 min 后分解完全得到黑色的钛基络合物，将该黑色物质研磨后取 0.5 g 加入 400 mL H_2O_2（30%）中，常温静置 3 天，得到钛酸纳米带，最后将钛酸纳米带在 400 ℃热处理 1 h 得到锐钛矿 TiO_2 纳米带。

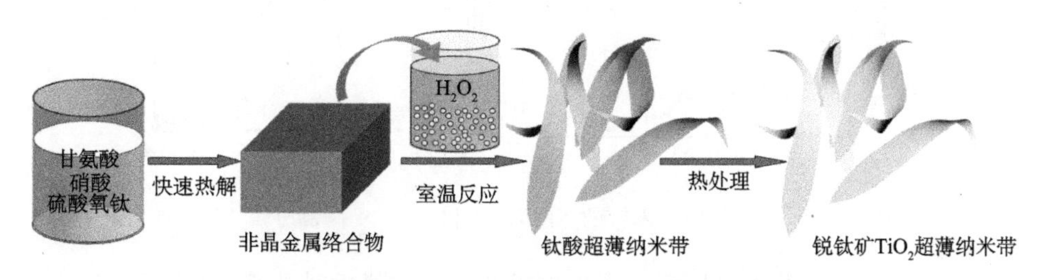

图 2.15 锐钛矿 TiO_2 纳米带的制备过程示意图[58]

图 2.16 为得到的钛基络合物的 XRD 图谱，可以看出，该钛基络合物为非晶结构。该络合物含有 Ti、O、C、N、S 元素，经元素分析测试可知，该络合物中 N、C、H 的质量分数分别为 15.4%、25.2%、2.8%。将上述络合物与 H_2O_2 在室温反应可得到钛酸纳米带。与强碱性条件下水热结合后续酸交换的传统制备方法相比，该制备过程在常温常压下进行，且络合物的制备过程也快速、简单，易于放大。图 2.17（a）为络合物和 H_2O_2 在室温反应后得到的产物的 XRD 图谱，所有的衍射峰均对应于钛酸（$H_2Ti_2O_5 \cdot H_2O$，JCPDS Card No. 47－0124)，且衍射峰较

宽，说明其晶粒尺寸较小。如图 2.17（b）所示，钛酸样品中可检测到 N 元素的存在，其结合能为 399.7 eV 和 401.2 eV 处的峰相应于化学吸附的铵根（或 N—H 键）和氮物种[59]。8.5°处较强的衍射峰与其二维层片状结构相对应，根据布拉格衍射公式 $2d\sin\theta=\lambda$，可以求得其层间距约为 1 nm。该层间距比 $H_2Ti_2O_5 \cdot H_2O$ 标准卡片的层间距更大，可能是铵根等离子插入钛酸的层间[59]，导致了层间距增大。

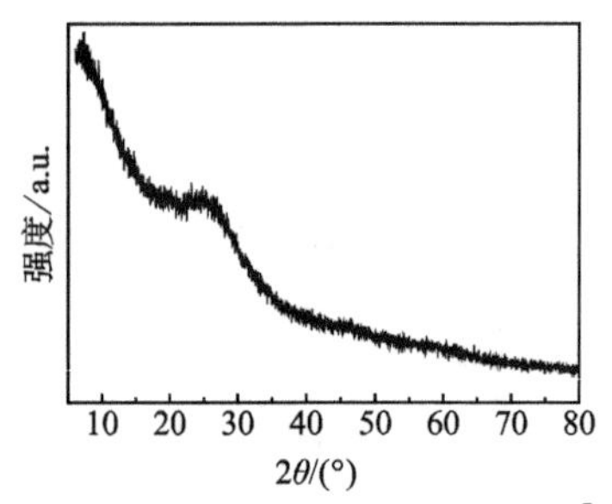

图 2.16 钛基络合物的 XRD 图谱[58]

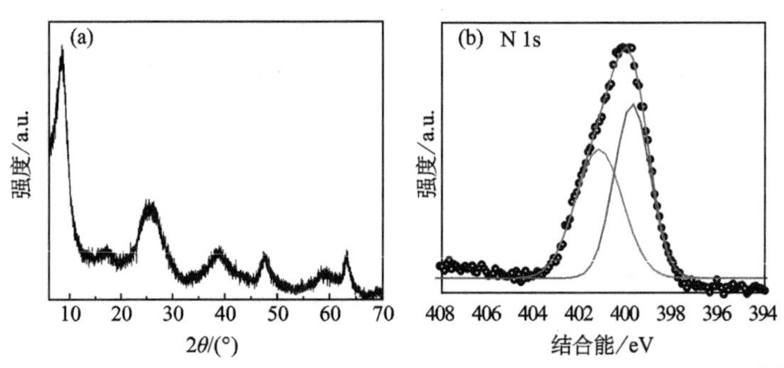

图 2.17 (a) 钛酸纳米带的 XRD 图谱和（b）N 1s 高分辨 XPS 谱[58]

钛酸的形貌如图 2.18 所示，从图 2.18（a）的扫描透射电子显微镜（STEM）照片可以看出其超薄的二维结构；从图 2.18（b）的低倍 TEM 照片可以看出，团聚体由许多一维结构组成，且该团聚体存在丰富的孔隙。进一步对其放大（图 2.18（c）和（d）），可以看到，其组成单元为纳米带，且一端较尖，类似于竹叶的结构(图 2.18（e））。由于其较薄的厚度，又具有细长的结构以及尖端，所以我们将此结构称为超薄纳米带。与石墨烯类似[60,61]，大部分尖端均弯曲（图 2.18（c）和（d）)，且边缘出现卷曲（图 2.18（c）)，这是由于表面应力的作用，说明该纳米带的厚度较薄。在样品中可以看到许多单层纳米带的存在，其厚度约为 1 nm（图 2.18（c）)，也可以看到一些堆垛的纳米带（图 2.18（c）)，大部分厚度主要为 1～2 nm（图 2.18)。许多纳米带在TEM观测的过程中不断晃动，说明具有超薄和柔性的特点。一些纳米带在TEM电子束的作用下，发生聚集、收缩、变厚，这可能是因为钛酸本身在聚焦电子束下不稳定，且其超薄结构更加剧了这一过程。Yang等先前也观察到钛酸在TEM的电子束作用下不稳定，分解为锐钛矿 TiO_2[62]。这种不稳定性很可能就是XRD显示钛酸具有一定的结晶度（图2.17（a）），而HRTEM（图2.18（d））照片则显示为非晶结构的原因。图2.19为钛酸纳米带的 N_2 等温吸附-脱附曲线和根据脱附曲线采用BJH方法得到的孔径分布图（插图）。根据BET方法，可以算得钛酸纳米带的比表面积和总孔体积分别高达193 $m^2 \cdot g^{-1}$ 和0.949 $cm^3 \cdot g^{-1}$。

图2.18　钛酸纳米带的（a）STEM照片，（b）和（c）TEM照片，（d）HRTEM照片，（e）一张竹叶的照片[58]

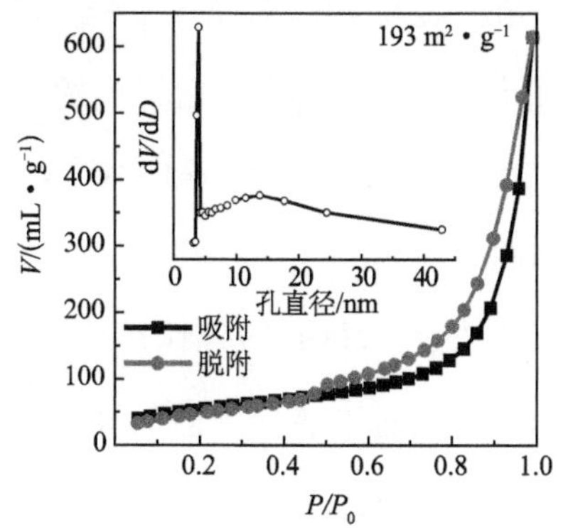

图2.19　钛酸纳米带的 N_2 吸附-脱附等温线（插图为孔径分布曲线）[58]

图 2.20 为 50 mL H_2O_2 和 0.5 g 钛基络合物反应时 H_2O_2 和钛离子的浓度随反应时间的变化。随着反应的进行，钛离子浓度先逐步增加并伴随着 H_2O_2 浓度的快速下降，说明这一阶段以 H_2O_2 络合溶解钛离子为主，且导致 H_2O_2 的分解，直至钛离子饱和后开始沉淀出来，在沉淀过程中 H_2O_2 的分解速度下降。因此，钛基络合物与 H_2O_2 的反应是基于“溶解-再沉积”的机理。由于钛酸具有二维层状结构，因而倾向于形成二维形貌，室温制备有利于保留其超薄的厚度。

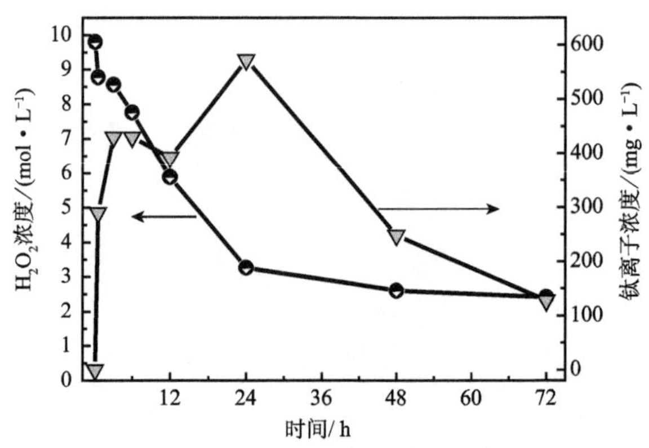

图 2.20　H_2O_2 浓度和钛离子浓度随反应时间的变化[58]

将钛酸纳米带在 400 ℃热处理 1 h 后可以得到锐钛矿 TiO_2 纳米带，其 XRD 图谱和拉曼（Raman）光谱分别如图 2.21（a）和（b）所示。从 XRD 图谱可以看出，样品已完全转变为锐钛矿 TiO_2。这一结论可以通过拉曼光谱得到进一步的证实，拉曼光谱中 147 cm^{-1}、196 cm^{-1}、397 cm^{-1}、516 cm^{-1}、640 cm^{-1}处的峰对应于锐钛矿 TiO_2[63]。该方法的钛酸向锐钛矿转变的温度比其他文献中报道的低[64-67]。Gentili 等的研究发现，经酸交换后得到的钛酸中剩余 Na 与 Ti 的比例越低越容易向锐钛矿转变[68]。此处我们获得的钛酸不含 Na 元素，因此，可以在更低的温度下转变为锐钛矿。

从图 2.21 可以看出，热处理后得到的锐钛矿 TiO_2 仍保留先前的纳米带结构。纳米带的厚度约为 5 nm，相对于热处理前的厚度略有增加，这是由热处理中发生的相变和晶粒生长导致的。HRTEM 照片（图 2.21（f））中显示的间距为 0.35 nm 的晶格条纹对应于锐钛矿 TiO_2 的（101）晶面，其选区电子衍射花样

（图2.21（f）中的插图）也进一步证实了样品为多晶锐钛矿 TiO_2。图2.21（g）为锐钛矿纳米带的 N_2 等温吸附-脱附曲线和根据脱附曲线采用BJH方法得到的孔径分布图。根据BET方法，可以算出锐钛矿 TiO_2 纳米带的比表面积为 $119\ m^2 \cdot g^{-1}$，总孔体积为 $0.666\ cm^3 \cdot g^{-1}$。

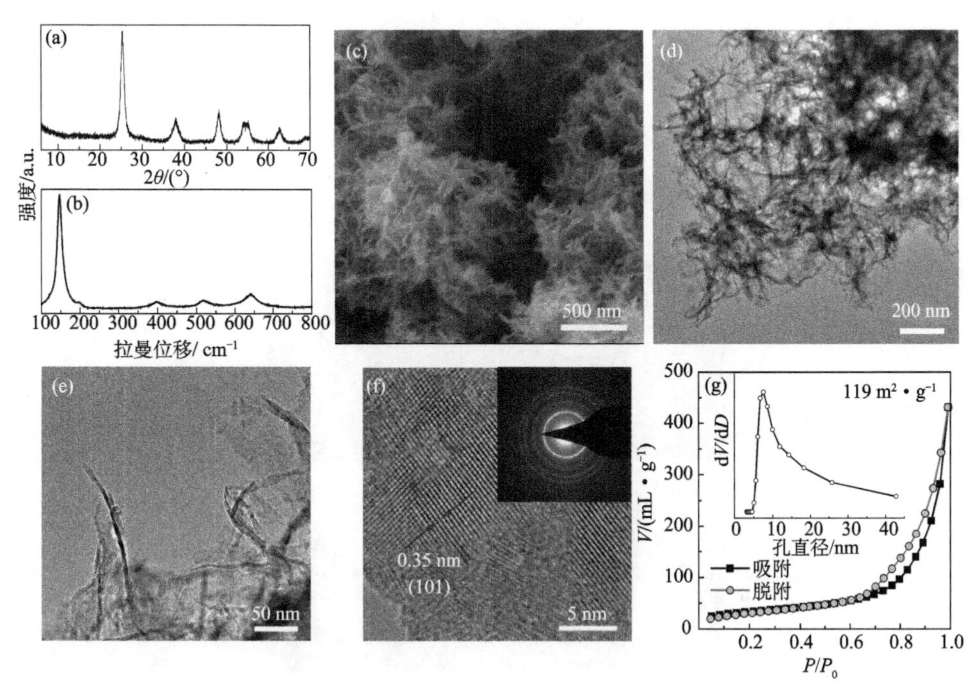

图2.21　锐钛矿 TiO_2 纳米带的表征结果

（a）XRD图谱；（b）Raman光谱；（c）SEM照片；（d）和（e）TEM照片；（f）HRTEM照片；（g）低温 N_2 吸附-脱附曲线（插图为孔径分布曲线）[58]

2.2.3　薄膜

溶液燃烧法的前驱溶液与溶胶-凝胶法的前驱体具有许多相似之处，所以将前驱溶液旋涂于特定基底上，再将其点燃可以制备氧化物薄膜。美国西北大学Marks等率先用溶液燃烧法制备了 In_2O_3、Zn-Sn-O、In-Zn-O和ITO等薄膜[69]。以ZnO薄膜的制备为例，具体制备过程为：将297.5 mg的 $Zn(NO_3)_2 \cdot 6H_2O$ 和100.1 mg的尿素溶解于5 mL乙二醇单甲醚溶剂（2-methoxyethanol）中，并老化 72 h，然后旋涂到特定基底上，最后在 150～400 ℃加热 30 min，得到氧化物薄膜[69]。图 2.22 为燃烧合成的不同厚度的In_2O_3薄膜的 SEM 照片，可以看出，厚度为 30 nm 以下的薄膜具有光滑的表面，而厚度为 70 nm 以上的薄膜具有较多的孔隙，因为燃烧过程释放出气体导致薄膜的致密度下降。燃烧合成较厚的薄膜致密度较差的问题可通过多次“旋涂-燃烧”的过程来解决。与其他薄膜制备方法相比，燃烧法的主要优势在于其点燃温度较低（通常在 200 ℃以下），可以实现在柔性有机衬底上的氧化物薄膜制备。随后，许多研究人员利用溶液燃烧法制备了多种氧化物薄膜，并将其应用于晶体管、太阳能电池和电致变色等领域[70—85]。

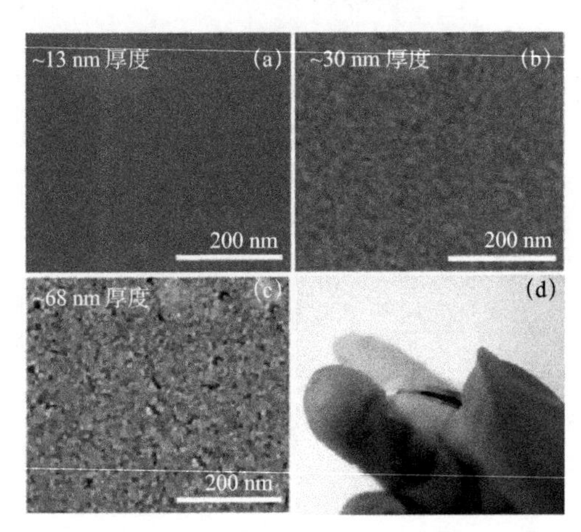

图 2.22 (a)～(c) 不同厚度的 In_2O_3 薄膜的 SEM 照片，

(d) In_2O_3 柔性器件的光学照片[69]

与常规的金属硝酸盐和燃料之间的燃烧反应不同，Chen 等以 ClO_4^- 为氧化剂、以 Cl^- 为还原剂来制备金属氧化物薄膜，该反应可以在 250 ℃左右进行点燃[86]。针对溶液燃烧合成厚度较大的薄膜时致密度较差的问题，Yu 等利用“喷雾燃烧法”来克服该问题[87]。在制备过程中，基底在热板上保持 200～350 ℃，利用喷枪将溶液喷到基底上，不断循环直至达到所需厚度（每个循环 60 s）[87]。该方法可有效地去除燃烧中产生的气体，有利于获得致密的薄膜。

2.2.4 三维纳米结构

利用溶液燃烧法，有时可以获得具有特定整体外形的颗粒聚集体。例如，

Cheng等采用溶液燃烧结合后续高温热处理得到 Eu^{3+} 掺杂 ZnO 微米带[88]（图2.23（a）和（b））和 Eu^{2+} 和 Dy^{3+} 掺杂 $SrAl_xO_y$ 微米带发光材料[89]（图2.23（c），（d））。Mapa等直接用普通的一步溶液燃烧，以硝酸锌和尿素为原料，制备了三角形的N掺杂ZnO[90]。

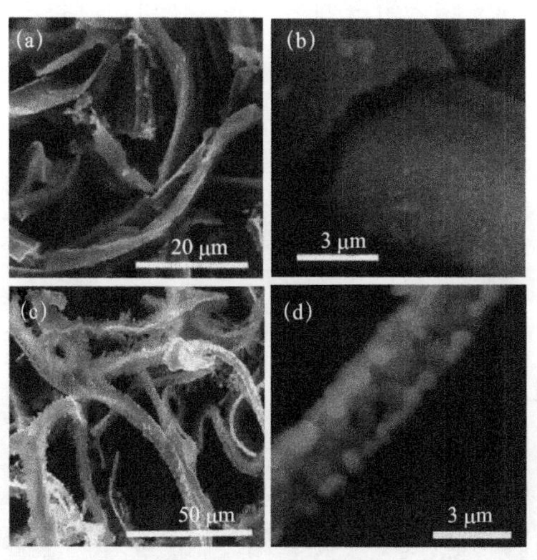

图2.23　SEM照片

（a）和（b）ZnO微米带[88]；（c）和（d）$SrAl_xO_y$ 微米带[89]

利用2.2.2节中第2部分所介绍的Ti基络合物与 H_2O_2 室温反应后所得到的剩余液体作为前驱液，在一维纳米阵列上进行沉积，可以制备三维纳米阵列。例如，以 TiO_2 纳米线为基底，利用前驱液进行沉积，可以制备核@壳结构的分支纳米线阵列。制备过程如图2.24（a）所示，首先在钛基底上生长纳米线阵列，然后在纳米线表面上利用前驱液在80 ℃沉积出纳米带，最终形成三维阵列结构。具体制备过程为：采用碱热法结合酸交换及热处理制备锐钛矿 TiO_2 纳米线阵列，即将清洗后的钛片放入50 mL的聚四氟乙烯内衬中，加入35 mL浓度为1.25 M① 的NaOH溶液，并置于水热釜中于220 ℃反应20 h，得到 $Na_2Ti_2O_5 \cdot H_2O$ 纳米线；所得的 $Na_2Ti_2O_5 \cdot H_2O$ 纳米线经水洗后在室温放入0.1 M的盐酸中浸泡40 min，并重复

① 1 M=1 mol·L^{-1}。

此过程3次，使其进行酸交换反应得到 $H_2Ti_2O_5 \cdot H_2O$ 纳米线；将该 $H_2Ti_2O_5 \cdot H_2O$ 纳米线在550 ℃热处理3 h（升温速率为2℃ · min^{-1}）得到锐钛矿 TiO_2 纳米线；将该薄膜超声2 min以去除一些表面覆盖层；最后，将上述薄膜放入15 mL纳米带前驱液中，于80 ℃反应1 h，得到分支结构纳米线阵列，形貌如图2.24（b）和（c）所示[58,91]。类似地，以 TiO_2 纳米带阵列为基底，还可以制备出带@带分支阵列结构，微结构如图2.24（d）和（e）所示[58]。

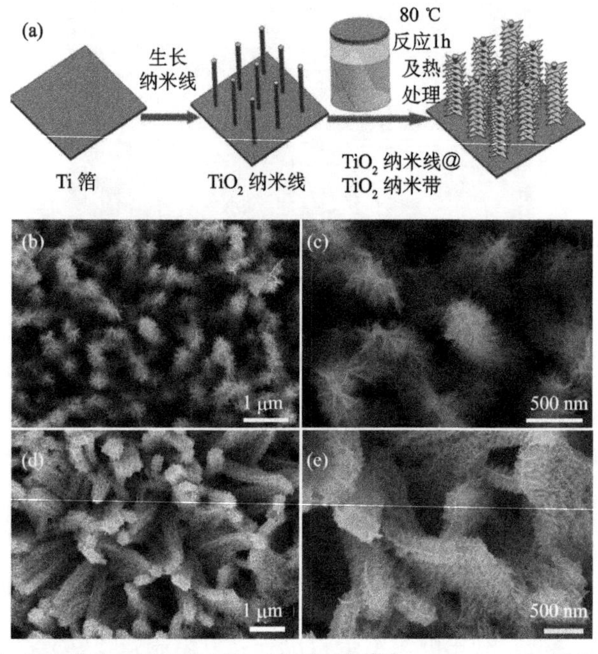

图2.24 （a）线@带分支纳米线制备过程示意图[91]，（b）和（c）线@带分支纳米线的SEM照片[58]，（d）和（e）带@带分支纳米线的SEM照片[58]

参考文献

[1] Kingsley J J，Patil K C. A novel combustion process for the synthesis of fine particle α-alumina and related oxide materials. Materials Letters，1988，6：427-432.

[2] Carvalho M D，Cruz M M，Wattiaux A，Bassat J M，Costa F M，Godinho M. Influence of oxygen stoichiometry on the electronic proper-

ties of $La_4Ni_3O_{10\pm\delta}$. Journal of Applied Physics，2000，88：544－549.

[3] Li H X，Zhou X Q，Nummy T，Zhang J J，Pardo V，Pickett W E，Mitcell J F，Dess D S. Fermiology and electron dynamics of trilayer nickelate $La_4Ni_3O_{10}$. Nature Communications，2017，8：704.

[4] Ling C D，Argyriou D N，Wu G，Neumeier J J. Neutron diffraction study of $La_3Ni_2O_7$：Structural relationships among n=1，2 and 3 phases $La_{n+1}Ni_nO_{3n+1}$. Journal of Solid State Chemistry，1999，152：517－525.

[5] Amow G，Davidson I J，Skinner S J. A comparative study of the Ruddlesden-Popper series，$La_{n+1}Ni_nO_{3n+1}$ (n=1，2 and 3)，for solid-oxide fuel-cell cathode applications. Solid State Ionics，2006，177：1205－1210.

[6] Carvalho M D，Costa F M A，Pereira I D S，Wattiaux A，Bassat J M，Grenier J C，Pouchard M. New preparation method of $La_{n+1}Ni_nO_{3n+1-\delta}$ (n=2，3). Journal of Materials Chemistry，1997，7：2107－2111.

[7] Weng X L，Boldrin P，Abrahams I，Skinner S J，Darr J A. Direct syntheses of mixed ion and electronic conductors $La_4Ni_3O_{10}$ and $La_3Ni_2O_7$ from nanosized coprecipitates. Chemistry of Materials，2007，19：4382－4384.

[8] Wu J M，Wen W. Catalyzed degradation of azo dyes under ambient conditions. Environmental Science & Technology，2010，44：9123－9127.

[9] Rao G R，Mishra B G，Sahu H R. Synthesis of CuO，Cu and CuNi alloy particles by solution combustion using carbohydrazide and N-tertiarybutoxy-carbonylpiperazine fuels. Materials Letters，2004，58：3523－3527.

[10] Jung C H，Jalota S，Bhaduri S B. Quantitative effects of fuel on the synthesis of Ni/NiO particles using a microwave-induced solution combustion synthesis in air atmosphere. Materials Letters，2005，59：2426－2432.

[11] Erri P，Nader J，Varma A. Controlling combustion wave propagation

for transition metal/alloy/cermet foam synthesis. Advanced Materials, 2008, 20: 1243-1245.

[12] Jiang Y, Yang S, Hua Z, et al. Sol-gel autocombustion synthesis of metals and metal alloys. Angewandte Chemie, International Edition, 2009, 48: 8529-8531.

[13] Kumar A, Wolf E E, Mukasyan A S. Solution combustion synthesis of metal nanopowders: Nickel-reaction pathways. AIChE Journal, 2011, 57: 2207-2214.

[14] Kumar A, Wolf E E, Mukasyan A S. Solution combustion synthesis of metal nanopowders: Copper and copper/nickel alloys. AIChE Journal, 2011, 57: 3473-3479.

[15] Manukyan K V, Cross A, Roslyakov S, Rouvimov S, Rogachev A S, Wolf E E, Mukasyan A S. Solution combustion synthesis of nanocrystalline metallic materials: Mechanistic studies. Journal of Physical Chemistry C, 2013, 117: 24417-24427.

[16] Zhuravlev V D, Bamburov V G, Ermakova L V, Lobachevskaya N I. Synthesis of functional materials in combustion reactions. Physics of Atomic Nuclei, 2015, 78: 1389-1405.

[17] Hua Z H, Cao Z W, Deng Y, Liang Y W, Yang S G. Sol-gel autocombustion synthesis of Co-Ni alloy powder. Materials Chemistry and Physics, 2011, 126: 542-545.

[18] Gómez-Romero P, Frailec J, Ballesteros B. Fractal porosity in metals synthesized by a simple combustion reaction. RSC Advances, 2013, 3: 2351-2354.

[19] Kumara A, Miller J T, Mukasyan A S, Wolf E E. In situ XAS and FTIR studies of a multi-component Ni/Fe/Cu catalyst for hydrogen

production from ethanol. Applied Catalysis, A: General, 2013, 467: 593 - 603.

[20] Tukhtaev R K, Boldyrev V V, Gavrilov A I, Larionov S V, Myachina L I, Saveleva Z A. Metal sulfide synthesis by self-propagating combustion of sulfur-containing complexes. Inorganic Materials, 2002, 38: 985 - 991.

[21] Tukhtaev R K, Gavrilov A I, Saveljeva Z A, Larionov S V, Boldyrev V V. The effect of nitrogen pressure on the synthesis of CdS from $[Cd(NH_2C(S)NHNH_2)_2](NO_3)_2$ complex compound using combustion method. Journal of Materials Synthesis and Processing, 1999, 7: 19 - 22.

[22] Arora S, Manoharan S S. Size-dependent photoluminescent properties of uncapped CdS particles prepared by acoustic wave and microwave method. Journal of Physics and Chemistry of Solids, 2007, 68: 1897 - 1901.

[23] Amutha R, Muruganandham M, Lee G J, Wu J J. Facile microwave-combustion synthesis of wurtzite CdS nanoparticles. Journal of Nanoscience and Nanotechnology, 2011, 11: 7940 - 7944.

[24] Mani A D, Ghosal P, Subrahmanyam C. Novel synthesis of C, N doped rice grain shaped ZnS nanomaterials-towards enhanced visible light photocatalytic activity for aqueous pollutant removal and H_2 production. RSC Advances, 2014, 4: 23292 - 23298.

[25] Mani A D, Deepa M, Xanthopoulos N, Subrahmanyam C. Novel one pot stoichiometric synthesis of nickel sulfide nanomaterials as counter electrodes for QDSSCs. Materials Chemistry and Physics, 2014, 148: 395 - 402.

[26] Hua Z, Deng Y, Li K, Yang S. Low-density nanoporous iron foams synthesized by sol-gel autocombustion. Nanoscale Research Letters, 2012, 7: 1-7.

[27] Gu Y, Qin M, Cao Z, Jia B, Wang X, Qu X. Effect of glucose on the synthesis of iron carbide nanoparticles from combustion synthesis precursors. Journal of the American Ceramic Society, 2016, 99: 1443-1448.

[28] Cüneyt Tas A. Combustion synthesis of calcium phosphate bioceramic powders. Journal of the European Ceramic Society, 2000, 20: 2389-2394.

[29] Colomer M T, Gallini S, Jurado J R. Synthesis and characterisation of a green $NiO/La(Sr)PO_{4-\delta}$ cermet anode for phosphate based solid oxide fuel cells. Journal of the European Ceramic Society, 2007, 27: 4237-4240.

[30] Nagpure I M, Shinde K N, Kumar V, Ntwaeaborwa O M, Dhoble S J, Swart H C. Combustion synthesis and luminescence investigation of $Na_3Al_2(PO_4)_3$: RE (RE=Ce^{3+}, Eu^{3+} and Mn^{2+}) phosphor. Journal of Alloys and Compounds, 2010, 492: 384-388.

[31] Zhao B, Yu X, Cai R, Ran R, Wang H, Shao Z. Solution combustion synthesis of high-rate performance carbon-coated lithium iron phosphate from inexpensive iron (Ⅲ) raw material. Journal of Materials Chemistry, 2012, 22: 2900-2907.

[32] Zhang L, Xiang H, Li Z, Wang H. Porous $Li_3V_2(PO_4)_3/C$ cathode with extremely high-rate capacity prepared by a sol-gel-combustion method for fast charging and discharging. Journal of Power Sources, 2012, 203: 121-125.

[33] Zhou H, Nedley M, Bhaduri S B. Microwave assisted solution combustion synthesis of strontium phosphate (SrP) whiskers. Materials

Letters，2014，116：286－288.

[34] Gallini S，Jurado J R，Colomer M T. Combustion synthesis of nanometric powders of $LaPO_4$ and Sr-substituted $LaPO_4$. Chemistry of Materials，2005，17：4154－4161.

[35] Lin K，Wu C，Chang J. Advances insynthesis of calcium phosphate crystals with controlled size and shape. Acta Biomaterials，2014，10：4071－4102.

[36] Uskokovicć V，Uskokovicć D P. Nanosized hydroxyapatite and other calcium phosphates：Chemistry of formation and application as drug and gene delivery agents. Journal of Biomedical Materials Research Part B：Applied Biomaterials，2011，96 B：152－191.

[37] Nabiyouni M，Zhou H，Luchini T J F，Bhaduri S B. Formation of nanostructured fluorapatite via microwave assisted solution combustion synthesis. Materials Science and Engineering C，2014，37：363－368.

[38] Zhou H，Nedley M，Bhaduri S B. Microwave assisted solution combustion synthesis of strontium phosphate（SrP）whiskers. Materials Letters，2014，116：286－288.

[39] Saradhi M P，Varadaraju U V. Photoluminescence studies on Eu^{2+} activated Li_2SrSiO_4 a potential orange-yellow phosphor for solid-state lighting. Chemistry of Materials，2006，18：5267－5272.

[40] Dahbi M，Urbonaite S，Gustafsson T. Combustion synthesis and electrochemical performance of Li_2FeSiO_4/C cathode material for lithium-ion batteries. Journal of Power Sources，2012，205：456－462.

[41] Wang D，Doull B A，Oliveira L C，Yukihara E G. Controlled synthesis of $Li_2B_4O_7$：Cu for temperature sensing. RSC Advances，2013，3：26127－26131.

[42] Yuan Y，Liu C S，Zhang Y，Shan X Q. Sol-gel auto-combustion syn-

thesis of hydroxyapatite nanotubes array in porous alumina template. Materials Chemistry and Physics，2008，112：275 - 280.

[43] Yang T，Xia D. Self-combuston synthesis and oxygen storage properties of mesoporous gadolina-doped ceria nanotubes. Materials Chemistry and Physics，2010，123：816 - 820.

[44] Li Y，Huang Y，Yan L，Qi S，Miao L，Wang Y，Wang Q. Synthesis and magnetic properties of ordered barium ferrite nanowire arrays in AAO template. Applied Surface Science，2011，21：8974 - 8980.

[45] Dong C，Xing X，Chen N，Liu X，Wang Y. Biomorphic synthesis of hollow CuO fibers for low-ppm-level n-propanol detection via a facile solution combustion method. Sensors and Actuators B：Chemical，2016，230：1 - 8.

[46] Ding J，Sun S，Bao J，Luo Z，Gao C. Synthesis of $CaIn_2O_4$ rods and its photocatalytic performance under visible-light irradiation. Catalysis Letters，2009，130：147 - 153.

[47] Deshpande P A，Madras G. Combustion synthesized vanadia rods for environmental applications. AIChE Journal，2011，57：2215 - 2228.

[48] Tao X Y，Wang X N，Li X D. Nanomechanical characterization of one-step combustion-synthesized $Al_4B_2O_9$ and $Al_{18}B_4O_{33}$ nanowires. Nano Letters，2007，7：3172 - 3176.

[49] Chen W，Liu M，Lin Y，Liu Y，Yu L，Li T，Hong J. A novel synthesis route to $Sn_{1-x}RE_xO_{2-x/2}$ nanorods via microwave-induced salt-assisted solution combustion process. Ceramics International，2013，39：7545 - 7549.

[50] Jalota S，Tas A C，Bhaduri S B. Microwave-assisted synthesis of calcium phosphate nanowhiskers. Journal of Materials Research，2004，

19：1876 -1881.

[51] Nabiyouni M，Zhou H，Luchini T J F，Bhaduri S. Formation of nanostructured fluo-roapatite via microwave assisted solution combustion synthesis. Materials Science and Engineering C，2014，37：363 - 368.

[52] Vidya S，Solomon S，Tomas J. Synthesis and characterization of MoO_3 and WO_3 nanorods for low temperature co-fired ceramic and optical applications. Journal of Materials Science，2015，26：3243 - 3255.

[53] Chen P，Qin M，Zhang D，Chen Z，Jia B，Wan Q，Wu H，Qu X. Combustion synthesis and excellent photocatalytic degradation properties of $W_{18}O_{49}$. CrystEngComm，2015，17：5889 - 5894.

[54] Chen P，Qin M，Liu Y，Jia B，Cao Z，Wan Q，Qu X. Superior optical properties of Fe^{3+}-$W_{18}O_{49}$ nanoparticles prepared by solution combustion synthesis. New Journal of Chemistry，2015，39：1196 - 1201.

[55] Chen P，Qin M，Chen Z，Jia B，Qu X. Solution combustion synthesis of nanosized WO_x：Characterization，mechanism and excellent photocatalytic properties. RSC Advances，2016，6：83101 - 83109.

[56] Umadevi M，Christy A. Synthesis，characterization and photocatalytic activity of CuO nanoflowers. Spectrochimica Acta Part A：Molecular and Biomolecular Spectroscopy，2013，109：133 - 137.

[57] Koseoglu Y，Cellaleddin D Y，Yilgin R. Rapid synthesis and room temperature ferromagnetism of Ni doped ZnO DMS nanoflakes. Ceramics International，2014，40：10685 - 10691.

[58] Wen W，Wu J M，Jiang Y Z，Yu S L，Bai J Q，Cao M H，Cui J. Anatase TiO_2 ultrathin nanobelts derived from room-temperature-synthesized titanates for fast and safe lithium storage. Scientific Reports，2015，5：11804.

[59] Liu P, Zhang H, Liu H, Wang Y, Yao X, Zhu G, Zhang S, Zhao H. A facile vapor-phase hydrothermal method for direct growth of titanate nanotubes on a titanium substrate via a distinctive nanosheet roll-up mechanism. Journal of the American Chemical Society, 2011, 133: 19032 - 19035.

[60] Meyer J C, Geim A K, Katsnelson M I, Novoselov K S, Booth T J, Roth S. The structure of suspended graphene sheets. Nature, 2007, 446: 60 - 63.

[61] Ortolani L, Cadelano E, Veronese G P, Boschi C D E, Snoeck E, Colombo L, Morandi V. Folded graphene membranes: Mapping curvature at the nanoscale. Nano Letters, 2012, 12: 5207 - 5212.

[62] Yang H G, Zeng H C. Synthetic architectures of $TiO_2/H_2Ti_5O_{11} \cdot H_2O$, $ZnO/H_2Ti_5O_{11} \cdot H_2O$, $ZnO/TiO_2/H_2Ti_5O_{11} \cdot H_2O$, and ZnO/TiO_2 nanocomposites. Journal of the American Chemical Society, 2005, 127: 270 - 278.

[63] Mao Y, Kanungo M, Hemraj-Benny T, Wong S S. Synthesis and growth mechanism of titanate and titania one-dimensional nanostructures self-assembled into hollow micrometer-scale spherical aggregates. Journal of Physical Chemistry B, 2006, 110: 702 - 710.

[64] Wu N, Wang J, Tafen D N, Wang H, Zheng J G, Lewis J P, Liu X, Leonard S S, Manivannan A. Shape-enhanced photocatalytic activity of single-crystalline anatase TiO_2 (101) nanobelts. Journal of the American Chemical Society, 2010, 132: 6679 - 6685.

[65] Kiatkittipong K, Scott J, Amal R. Hydrothermally synthesized titanate nanostructures: Impact of heat treatment on particle characteristics and photocatalytic properties. ACS Applied Materials & Interfaces, 2011, 3: 3988 -3996.

[66] Zhou W，Yin Z，Du Y，Huang X，Zeng Z，Fan Z，Liu H，Wang J，Zhang H. Synthesis of few-layer MoS_2 nanosheet-coated TiO_2 nanobelt heterostructures for enhanced photocatalytic activities. Small，2013，9：140－147.

[67] Yoshida R，Suzuki Y，Yoshikawa S. Syntheses of TiO_2（B）nanowires and TiO_2 anatase nanowires by hydrothermal and post-heat treatments. Journal of Solid State Chemistry，2005，178：2179－2185.

[68] Gentili V，Brutti S，Hardwick L J，Armstrong A R，Panero S，Bruce P G. Lithium insertion into anatase nanotubes. Chemistry of Materials，2012，24：4468－4476.

[69] Kim M G，Kanatzidis M G，Facchetti A，Marks T J. Low-temperature fabrication of high-performance metal oxide thin-film electronics via combustion processing. Nature Materials，2011，10：382－388.

[70] Hennek J W，Kim M G，Kanatzidis M G，Facchetti A，Marks T J. Exploratory combustion synthesis：Amorphous indium yttrium oxide for thin-film transistors. Journal of American Chemical Society，2012，134：9593－9596.

[71] Hennek J，Smith J，Yan A，Myung-Gil K，Wei Z，Dravid V，Fachetti A，Marks T. Oxygen "getter" effects on microstructureand carrier transport in low temperature combustion-processed a-InXZnO（X＝Ga，Sc，Y，La）transistors. Journal of American Chemical Society，2013，135：10729－10741.

[72] Kang Y H，Jeong S，Ko J M，Lee J Y，Choi Y，Lee C，Cho S Y. Two-component solution processing of oxide semiconductors for thin-film transistors via self-combustion reaction. Journal of Materials Chemistry C，2014，2：4247－4256.

[73] Everaerts K, Zeng L, Hennek J W, Camacho D I, Jariwala D, Bedzyk M J, Hersam M C, Marks T J. Printed indium gallium zinc oxide transistors self-assembled nanodielectric effects on low-temperature combustion growth and carrier mobility. ACS Applied Materials & Interfaces, 2013, 5: 11884 - 11893.

[74] Yu X, Zhou N, Smith J, Lin H, Stallings K, Yu J, Marks T J, Facchetti A. Synergistic approach to high-performance oxidethin film transistors using a bilayer channel architecture. ACS Applied Materials & Interfaces, 2013, 5: 7983 - 7988.

[75] Bae E J, Kang Y H, Han M, Lee C, Cho S Y. Soluble oxide gate dielectrics prepared using the self-combustion reaction for high-performance thin-film transistors. Journal of Materials Chemistry C, 2014, 2: 5695 - 5703.

[76] Branquinho R, Salgueiro D, Santos L, Barquinha P, Martins R, Fortunato E. Aqueous combustion synthesis of aluminum oxide thin films and application as gate dielectric in GZTO solution-based TFTs. ACS Applied Materials & Interfaces, 2014, 6: 19592 - 19599.

[77] Rim Y S, Lim H S, Kim H J. Low-temperature metal-oxide thin-film transistors formed by directly photopatternable and combustible solution synthesis. ACS Applied Materials & Interfaces, 2013, 5: 3565 - 3571.

[78] Chiang K K, Wu J J. Fuel-assisted solution route to nanostructured nickel oxide films for electrochromic device application. ACS Applied Materials & Interfaces, 2013, 5: 6502 - 6507.

[79] Leong W L, Ren Y, Seng H L, Huang Z, Chiam S Y, Dodabalapur A. Efficient polymer solar cells enabled by low temperature processed ternary metal oxide as electron transport interlayer with large stoichi-

ometry window. ACS Applied Materials & Interfaces, 2015, 7: 11099 - 11106.

[80] Marchal W, de Dobbelaere C, Kesters J, Bonneux G, Vandenbergh J, Damm H, Junkers T, Maes W, D'Haen J, van Bael M K, Hardy A. Combustion deposition of MoO_3 films: From fundamentals to OPV applications. RSC Advances, 2015, 5: 91349 - 91362.

[81] Kang Y H, Jang K S, Lee C, Cho S Y. Facile preparation of highly conductive metal oxides by self-combustion for solution-processed thermoelectric generators. ACS Applied Materials & Interfaces, 2016, 8: 5216 - 5223.

[82] Yao C, Xu X, Wang J, Shi L, Li L. Low-temperature, solution-processed hole selective layers for polymer solar cells. ACS Applied Materials & Interfaces, 2013, 5: 1100 - 1107.

[83] Sanchez-Rodriguez D, Farjas J, Roura P, Ricart S, Mestres N, Obradors X, Puig T. Thermal analysis for low temperature synthesis of oxide thin films from chemical solutions. The Journal of Physical Chemistry C, 2013, 117: 20133 - 20138.

[84] Wang B, Yu X, Guo P, Huang W, Zeng L, Zhou N, Chi L, Bedzyk M J, Chang R P H, Marks T J, Facchetti A. Solution-processed all-oxide transparent high-performance transistors fabricated by spray-combustion synthesis. Advanced Electronic Materials, 2016, 2: 201500427.

[85] Chiang K K, Wu J J. Fuel-assisted solution route to nanostructured nickel oxide films for electrochromic device application. ACS Applied Materials & Interfaces, 2013, 5: 6502 - 6507.

[86] Chen H, Rim Y S, Jiang C, Yang Y. Low-impurity high-performance

solution-processed metal oxide semiconductors via a facile redox reaction. Chemistry of Materials，2015，27：4713－4718.

[87] Yu X，Smith J，Zhou N，Zeng L，Guo P，Xia Y，Alvarez A，Aghion S，Lin H，Yu J，Chang R P H，Bedzyk M J，Ferragut R，Marks T J，Facchetti A. Spray-combustion synthesis：Efficient solution route to high-performance oxide transistors. Proceedings of the National Academy of Sciences of the United States of America，2015，112：3217－3222.

[88] Cheng B C，Zhang Z D，Liu H J，Han Z H，Xiao Y H，Lei S J. Power- and energy-dependent photoluminescence of Eu^{3+} incorporated and segregated ZnO polycrystalline nanobelts synthesized by a facile combustion method followed by heat treatment. Journal of Materials Chemistry，2010，20：7821－7826.

[89] Cheng B C，Zhang Z D，Han Z H，Xiao Y H，Lei S J. $SrAl_xO_y$：Eu^{2+}，Dy^{3+}（$x=4$）nanostructures：Structure and morphology transformations and long-lasting phosphorescence properties. CrystEngComm，2011，13：3545－3550.

[90] Mapa M，Gopinath C S. Combustion synthesis of triangular and multifunctional $ZnO_{1-x}N_x$（$x \leqslant 0.15$）materials. Chemistry of Materials，2009，21：351－359.

[91] Wen W，Wu J M，Jiang Y Z，Bai J Q，Lai L L. Titanium dioxide nanotrees for high-capacity lithium-ion microbatteries. Journal of Materials Chemistry A，2016，4：10593－10600.

第 3 章　燃烧合成多孔材料

3.1　多孔材料简介

多孔材料指由相互连通或封闭的孔洞构成网络结构的固体材料。与其他材料相比，多孔材料具有比表面积大、孔隙率高、表观密度低、热导率低等特点。按照国际理论化学与应用化学联合会（IUPAC）的分类标准[1]，根据孔尺寸，可将多孔材料分为微孔材料（孔径＜2 nm）、介孔材料（孔径范围为 2～50 nm）和大孔材料（孔径＞50 nm）；根据孔径的均匀性，可分为有序多孔材料和无序多孔材料。当孔体积一定时，多孔材料的孔径越大，比表面积越小，传质性能越好。

常见的微孔材料有沸石、类沸石、分子筛、活性炭、金属有机框架物（MOF）等。微孔分子筛在气体的吸附分离与净化、离子交换、石油炼制和石油化工等领域发挥着重要的作用。由于微孔材料的孔径较小，重油组分和一些大分子难以进入其孔道，难以作为催化反应的场所。1992 年，美国 Mobil 公司的研究人员首次使用表面活性剂 CTAB（十六烷基三甲基溴化铵）作为模板，通过水热反应合成出具有单一孔径的介孔硅酸盐和硅铝酸盐[2]。介孔材料由于具有较高的比表面积，可作为吸附剂、催化剂及其载体，在吸附分离、能源与环境、化学工业、生物技术、药物释放和工业催化等领域具有潜在的应用前景。当孔径在光波长范围时，有序大孔材料会出现独特的光学特性，可用于光学晶体领域。大孔材料可用于光学器件、传感器、染料敏化太阳能电池、锂离子电池、超级电容器、燃料电池、催化、吸附和绝热等领域。分级多孔材料（包括微孔-介孔、介孔-大孔、微孔-大孔、微孔-介孔-大孔）可结合多种多孔材料的优点，也是目前的研究热点。

3.2 传统模板法简介

3.2.1 介孔材料的制备方法

制备介孔材料的模板法按模板的性质可分为软模板法（包括表面活性剂、嵌段共聚物等）、硬模板法（如 SiO_2 等）、生物模板法和自模板法等。

1. 软模板法

软模板法以表面活性剂/嵌段共聚物作为模板，通过有机物和无机物之间的界面作用组装成“有机/无机”杂化材料，随后将有机部分去除可获得有序介孔材料。软模板法常用于制备硅基介孔材料，如 MCM 系列[2]，包括 MCM－41（二维六方结构）、MCM－48（立方结构）和 MCM－50（层状结构）。

表面活性剂是一种双亲性分子，包括亲水的“头部”和疏水的“尾部”。当表面活性剂加入水中后，为降低界面能，将调节自身取向以减小疏水链与水的相互作用。当溶液中的表面活性剂超过临界胶束浓度时，表面活性剂会结合成聚集体，这些聚集体以非极性基团为内核、以极性基团为外层。聚集体的形状主要受表面活性剂的几何形状、浓度、反应温度和液相中其他成分的影响[3]。常见的聚集体有棒状胶束、球形胶束、层状胶束和反胶束等。Israelachivili 等提出了表面活性剂的分子堆积参数 p，可用于预测胶束的形状[4]。参数 $p=V/al$，其中 V 是表面活性剂疏水链所占的有效体积，a 是表面活性剂的亲水头所占的有效面积，l 是疏水链的有效长度。p 和胶束形状的关系为：$p<1/3$ 时为球形；$1/3<p<1/2$ 时为圆柱形；$1/2<p<2/3$ 时为三维圆柱形；$p=1$ 为层状；当 $p>1$ 时为球形、圆柱及层状反相胶束[3]。

按亲水基的带电性质，可将表面活性剂分为阳离子型、阴离子型和中性表面活性剂三大类。采用不同类型的表面活性剂，在不同的酸碱度下，无机物种和表面活性剂的相互作用有所差异。用 S^+ 代表阳离子表面活性剂，S^- 代表阴离子表面活性剂，S 表示中性表面活性剂；I^+ 代表无机阳离子，I^- 代表无机阴离子，I 表示中性无机离子。X^- 代表 Cl^- 等；M^+ 代表 H^+、Na^+、K^+ 等。表面活性剂与无机物种的作用方式主要有以下五种[3]：

（1）S^+/I^- 型：在碱性条件下，采用阳离子型表面活性剂时，带负电的无机阴离子与带正电的表面活性剂通过静电力相互结合。

（2）$S^+/X^-/I^+$ 型：在强酸条件下，采用阳离子型表面活性剂，带正电的无机阴离子通过中间过渡离子与带正电的表面活性剂结合。

（3）S^-/I^+ 型：采用阴离子型表面活性剂，带正电的无机离子和带负电的表面活性剂相结合。

（4）$S^-/M^+/I^-$ 型：在强碱条件下，采用阴离子型表面活性剂，带负电的无机离子通过金属阳离子作为中间过渡离子与带负电的表面活性剂结合。

（5）S/I 型：中性的表面活性剂与中性的物质以氢键或共价键的形式结合。

软模板法的制备流程如图 3.1（a）所示，包括胶束形成、前驱体转变和模板去除三个步骤。根据自组装的机理，可将软模板法分为协同自组装法（cooperative assembly）和液晶模板法（liquid crystal templating）[5]。在许多水热合成介孔材料的过程中，均涉及前驱体和表面活性剂的同时组装，即表面活性剂的液晶相是加入前驱体之后形成的，是胶束和无机物相互作用的结果。最终液晶相被前驱体包围，一起从溶液中沉淀出来。在此过程中前驱体的聚合速度不能过快，否则在液晶相形成之前前驱体已聚合，得不到多孔材料。而液晶模板法通常需要高浓度的非离子型表面活性剂，液晶相在前驱体的聚合之前已形成。

与表面活性剂相比，采用嵌段共聚物作为模板得到的介孔材料的孔壁更厚，热稳定性更高[6]。例如，Wu 等利用一种 KLE 嵌段共聚物为模板剂，采用蒸发

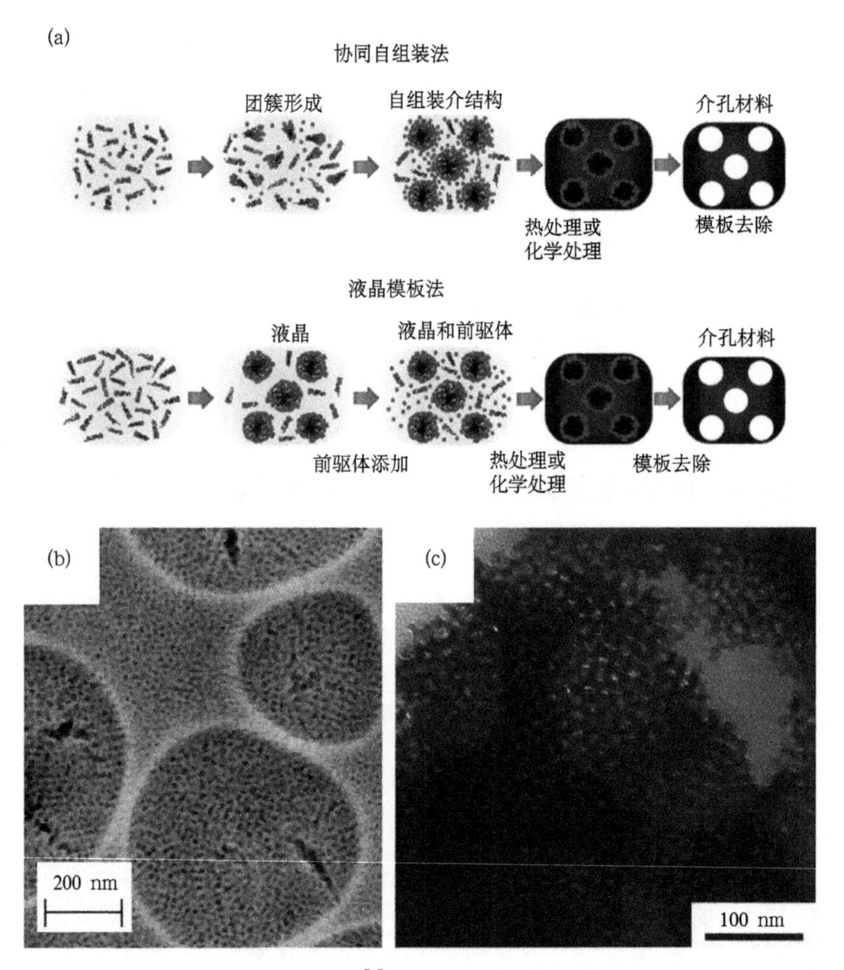

图 3.1 (a) 软模板法制备过程示意图[5]，KLE 软模板法制备有序介孔 $MgTa_2O_6$ 薄膜：(b) SEM 形貌图，(c) TEM 形貌图[6]

诱导自组装（evaporation induced self assembly）技术，结合后续 760 ℃高温热处理，成功获得结晶良好的有序介孔 $MgTa_2O_6$ 薄膜（图 3.1（b）和（c））[6]。在软模板法中，孔结构受表面活性剂、溶剂和合成过程条件的影响。因此，可通过表面活性剂的选择或对表面活性剂链长的控制来对介孔尺寸进行调节。例如，Saravanan 等利用不同链长的表面活性剂制备出不同孔径的介孔 TiO_2，链长越长的表面活性剂得到的介孔 TiO_2 孔径越大[7]。Dahal 等以 Pluronic 胶束作为软模板，额外添加癸烷，在碱性乙醇溶液条件下得到六方晶系的有序圆柱形孔道的介

孔 Co_3O_4，比表面积为 367 $m^2 \cdot g^{-1}$[8]。软模板法所得到的有序介孔材料的结晶度通常较差，因为在较高温度热处理去除表面活性剂时容易导致多孔结构的坍塌。针对这一问题，Lee 等采用含有 sp^2 杂化的碳的嵌段共聚物作为模板，首先在较高温度在 N_2 的保护下进行热处理，使氧化物具有较高的结晶度，与此同时原位形成的非晶碳防止过渡金属氧化物结构坍塌，然后在空气中在较低的温度进行热处理将非晶碳去除，得到结晶度良好的有序介孔过渡金属氧化物[9]。

2. 硬模板法

软模板法较适合于制备介孔硅、铝化合物，但制备高结晶度的有序介孔金属氧化物仍较困难。因此，常以多孔 SiO_2 等物质作为硬模板来制备介孔金属氧化物。与软模板法类似，硬模板法涉及三个步骤：模板的制备、前驱体填充和模板去除。硬模板（如介孔 SiO_2）的制备通常采用软模板法。以介孔 SiO_2 作为模板时，可用氢氟酸或强碱溶液进行腐蚀以去除模板。硬模板法最关键的步骤在于如何有效地将前驱体填充到模板的孔隙中。常见的前驱体浸润模板的方法有[10]：①将模板分散到稀溶液中，使溶质扩散并吸附到模板的孔内。这种方法的优点在于减小了前驱体在模板外表面沉积的可能性，但前驱体的担载量较小，需要重复多次。②采用饱和溶液来提高前驱体的担载量，并采用较小的溶液体积来避免前驱体沉积在模板外表面。③当前驱体可以形成熔融盐时，采用熔融盐进行浸润，可提高担载效率。④将前驱体溶解于极性溶剂中，然后将其滴加到含有模板的非极性溶剂中，让前驱体逐步替代孔中的非极性溶剂，这种方法的优点在于有利于提高孔填充的均匀度。其他的填充方法还有超声法[11]、超流体法[12]、气相填充法[13]等。另外，通过对模板壁的表面改性也可以提高填充效率。

若直接用金属氧化物的前驱体对模板进行填充，则得到的多孔金属氧化物为模板的“反结构”。SiO_2 模板的去除需要用 HF 或强碱溶液刻蚀，所以在 HF 或强碱溶液中不稳定的金属氧化物不能用 SiO_2 作为模板。所以，如果需要制备的金属氧化物在 HF 或强碱溶液中不稳定，或需要与多孔 SiO_2 相同的多孔结构，则可用碳材料作为硬模板，制备流程如图 3.2 所示：①将碳材料填充到多孔 SiO_2

模板中；②将 SiO_2 模板去除，得到多孔碳；③将金属氧化物前驱体填充到碳模板中；④将碳模板去除，得到多孔金属氧化物，该金属氧化物的多孔结构相当于复制了最开始的 SiO_2 多孔模板的多孔结构。

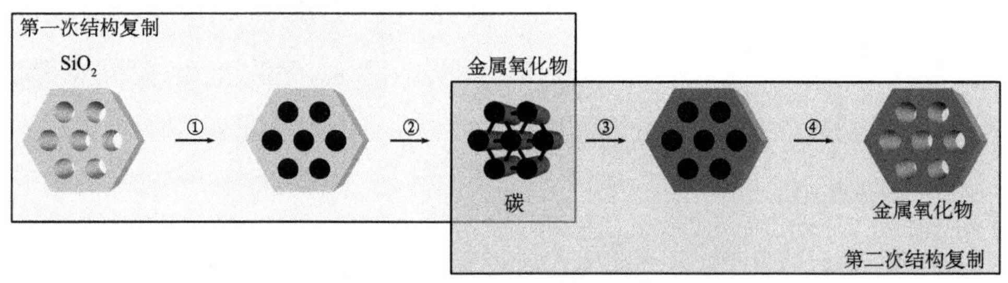

图 3.2 通过碳模板制备介孔金属氧化物示意图[10]

硬模板法目前已被用于制备许多介孔过渡金属氧化物。例如，Polarz 等利用多孔碳作为硬模板制备介孔 ZnO[14]；Jiao 等利用介孔 SiO_2（KIT－6）作为模板得到双孔径的介孔 NiO[15]；Yue 等以二维六方晶系的 SBA－15 和三维立方晶系 KIT－6 介孔 SiO_2 作为模板，得到了二维和三维有序介孔的 Co_3O_4、NiO、CeO_2 和 Cr_2O_3[16]。通常，硬模板法得到的多孔框架没有规则的整体形貌。最近，Snaith 等在稀溶液中，采用在硬模板内部籽晶辅助形核-生长的方法，并结合锐钛矿 TiO_2（001）面暴露的单晶的生长条件，得到锐钛矿 TiO_2 介孔单晶，如图 3.3所示[17]。该晶体具有规则的形貌，且尺寸达到微米级别，虽然内部存在大量介孔，但仍保持单晶结构。

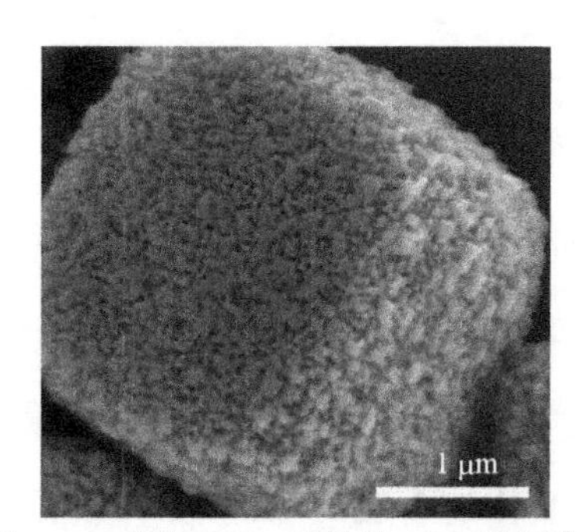

图 3.3 介孔 TiO_2 单晶的 SEM 照片[17]

3. 生物模板法

生物模板法以自然界中的生物作为模板，是一种相对比较环保的方法。由于生物模板的种类非常多，且利用其作为模板还可以制备出复杂的分级多孔结构（hierarchically porous structures），其制备过程与硬模板法类似。例如，利用多孔荷花花粉作为模板，通过化学浴沉积的方法可以得到分级多孔的NiO/C[18]。荷花花粉和 NiO/C 的形貌如图 3.4 所示，可以看出，NiO/C 较好地保持了荷花花粉先前的结构。Shim 等采用细菌作为模板，成功制备了分级多孔的Co_3O_4[19]。

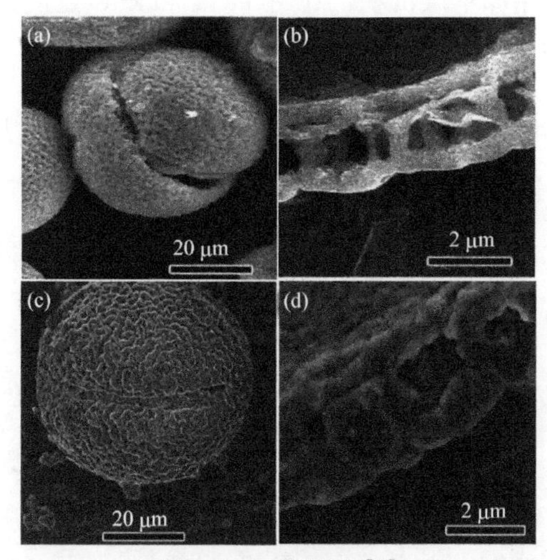

图 3.4 SEM 照片[18]

(a) 和 (b) 多孔荷花花粉模板；(c) 和 (d) 多孔 NiO/C 复合微球

4. 自模板法

模板法涉及模板的制备和去除，过程较复杂，所以制备周期长、成本高。自模板法先制备出一种前驱体，再利用热分解、液相刻蚀、克肯达尔效应等过程制备出最终的多孔材料。与模板法相比，自模板法通常不需要加入硬模板、表面活性剂或嵌段共聚物，制备过程相对更简单。例如，Yuan 等利用电沉积在泡沫 Ni 基底上沉积 $Co(OH)_2$ 纳米片，由于 $Co(OH)_2$ 具有层状结构，所以容易形成二维结构，再通过热处理可以得到介孔 Co_3O_4 纳米片，$Co(OH)_2$ 在热处理的过程中释放出水分子，导致多孔结构的形成[20]。Zeng 等通过水热法得到$Co(CO_3)_{0.5}(OH)\cdot 0.11H_2O$纳米线，然后在空气中热处理将其转化为介孔 Co_3O_4，并保留纳米线的整体形貌，比表面积为 20.2 $m^2\cdot g^{-1}$[21]。Lou 等以草酸作为刻蚀剂，以 NaH_2PO_4 为络合剂，对预先合成的 Fe_2O_3 进行刻蚀后引入了多孔结构，刻蚀 42 h 后，比表面积从原来的 38.9 $m^2\cdot g^{-1}$增加至 51.5 $m^2\cdot g^{-1}$[22]。类似地，Amutha 等将硝酸铁和草酸溶解于水中，经干燥、热处理后得到蠕虫状多孔 Fe_2O_3[23]。气凝胶法可用来制备多孔、低密度材料，该方法将溶胶-凝胶过程与超临界干燥、冷冻干燥、溶剂交换等方法相结合来保留溶剂去除后留下的多孔[24]。Wang 等先制备 ZnO 纳米线阵列，然后采用原子层沉积，利用 $TiCl_4$ 和 ZnO 之间的反应，通过纳米尺寸克肯达尔效应形成 TiO_2 纳米管结构，且管壁为多孔结构，如图 3.5 所示[25]。反应开始时 $TiCl_4$ 和 ZnO 纳米线表面通过离子交换反应形成一层 TiO_2，随后 Zn^{2+} O^{2-} 向外扩散通过 TiO_2 层，$TiCl_4$ 蒸气向内扩散通过 TiO_2 层继续反应，由于向外扩散的速度比向内扩散的速度快，形成向内移动的空洞流动以补偿扩散的不平衡，最终导致空心结构的形成[25]。

图 3.5 多孔空心 TiO_2：(i) SEM 照片，(ii)～(iv) TEM 照片，(v) EDX 面分布[25]

3.2.2 大孔材料的制备方法

1. 胶质晶体模板法

三维有序大孔材料（也称为反蛋白石结构）通常采用胶质晶体模板法进行制备。该方法的制备过程与制备介孔材料的硬模板法类似，如图 3.6 所示，包括模板制备、前驱体填充和模板去除过程[26]。该方法与制备介孔材料的硬模板法的主要区别在于胶质晶体模板法采用的模板通常为 SiO_2 球、聚苯乙烯球（PS 球）或聚甲基丙烯酸甲酯球（PMMA 球）。以相应尺寸的 SiO_2 球作为模板，硬模板法较难制备的较大孔径（10～40 nm）有序介孔金属氧化物也可以采用胶质晶体模板法来制备[27]。由于胶质晶体模板法的制备过程与硬模板法较类似，此处不再赘述。阳极氧化 Al_2O_3 纳米管也常作为模板用于制备金属氧化物纳米管。另外，阳极氧化法也可以直接用于制备其他金属氧化物纳米管阵列，例如，TiO_2[28]、V_2O_5[29]、TiO_2/NiO[30]、Co_3O_4[31]等。

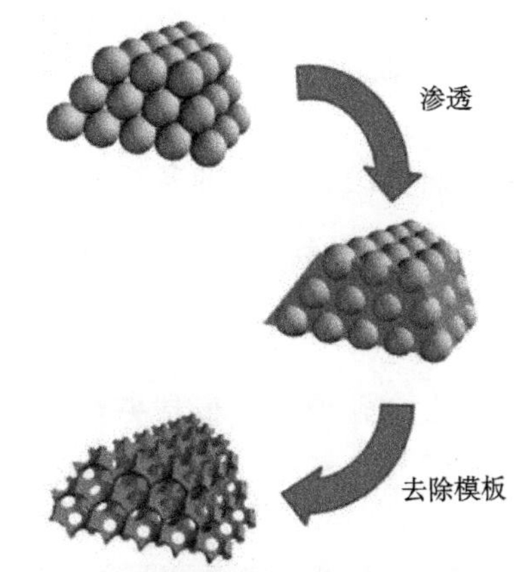

图 3.6 胶质晶体模板法制备过程示意图[26]

2. 无模板法

虽然胶质晶体模板法的通用概念较简单，但对制备环境的要求很高，而且对于特定的材料需要特殊的处理方式。模板制备、模板组装和模板去除过程烦琐、成本高、时间长，且对环境污染较大。无模板法可以大幅度地降低制备成本和减少对环境的影响。但无模板法得到的大孔金属氧化物的孔结构为无序结构，有序多孔金属氧化物的制备则需要采用模板法。许多多孔金属，如雷尼 Ni、多孔 Au 等可以通过去合金化的过程来获得[32]。类似地，将两相混合的金属氧化物中的一相溶解掉，即可得到另一相的大孔材料。例如，通过前驱体（含两种金属元素）分解[33]或溶液燃烧[34]得到 ZnO 和 NiO 的混合物，将其烧结得到块体材料，再利用强碱性溶液将 ZnO 腐蚀，即可得到大孔 NiO，其制备过程示意图如图 3.7 所示。目前利用该方法已可实现许多大孔金属氧化物的制备[35-37]。

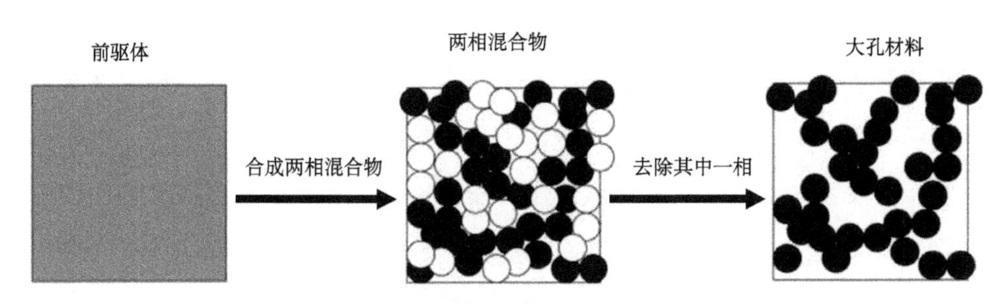

图 3.7　溶解一相法制备大孔金属氧化物示意图[33]

3.2.3　分级多孔材料的制备方法

通常，制备分级多孔材料需要结合相应的各级多孔材料的制备技术。例如，制备大孔/介孔材料时，需要结合介孔材料所需要的模板和大孔材料所需要的模板。具体的过程可参见前面关于介孔材料和大孔材料制备方法的介绍。例如，Dacquin 等采用聚苯乙烯球作为大孔模板、嵌段共聚物 P123 作为介孔软模板，制备出分级多孔（大孔-/介孔-）的 Al_2O_3，其形貌如图 3.8 所示[38]。

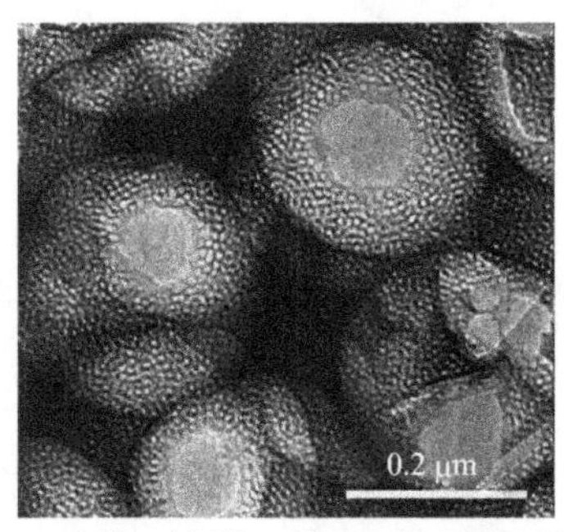

图 3.8　大孔-/介孔- Al_2O_3 的 TEM 照片[38]

3.3　模板法与溶液燃烧结合制备多孔材料

由于溶液燃烧过程中释放出气体，所以偶尔能获得多孔材料，但是孔尺寸通常较大（几十微米），且不均匀[39]。例如，Prakash 等以 $TiO(NO_3)_2$ 和 $LiNO_3$ 为氧化剂、甘氨酸为还原剂，在 800 ℃点燃，一步得到锂离子电池负极材料 $Li_4Ti_5O_{12}$，其形貌如图 3.9 所示，具有疏松多孔结构，但孔尺寸较大（微米级别）且不均匀，比表面积为 12 $m^2 \cdot g^{-1}$[40]。

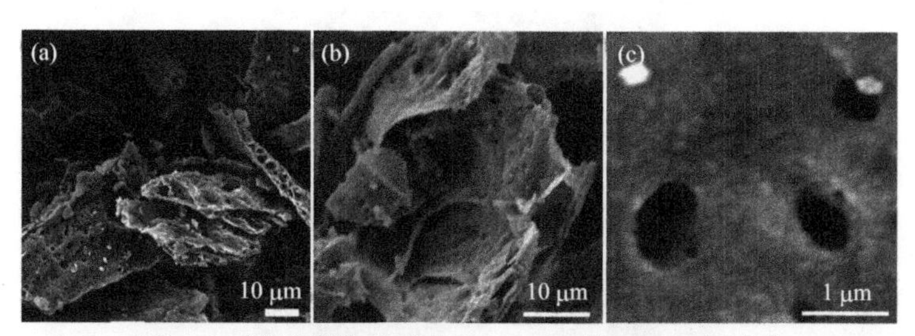

图 3.9　溶液燃烧合成的 $Li_4Ti_5O_{12}$ 的 SEM 照片[40]

为获得孔径较均匀的多孔材料，通常需要对溶液燃烧法进行改性。如前面所述，模板法可对多孔材料的孔径进行严格的控制，所以将模板法和溶液燃烧法相结合可以可控地制备多孔材料，并具有溶液燃烧法的部分优势，例如，前驱体转变成氧化物的时间较短、成本低、适合大规模制备等。Voskanyan 等以 SiO_2 球作为模板，以硝酸铈为氧化剂、甘氨酸为燃料，利用模板辅助溶液燃烧法制备了介孔 CeO_2[41]。制备过程如图 3.10 所示，将模板加入配好的溶液中，经干燥后得到含有模板的凝胶，点燃后得到 SiO_2/CeO_2 复合材料，最后将 SiO_2 腐蚀掉即可得到介孔 CeO_2。如图 3.11 所示，该介孔 CeO_2 具有均匀的介孔结构，孔尺寸为 22 nm，比表面积为 81.7 $m^2 \cdot g^{-1}$，孔体积为 0.6 $mL \cdot g^{-1}$。如图 3.12 所示，随着反应体系中 SiO_2 加入量的增加，产物的比表面积和孔体积增加，因为 SiO_2 球除了作为模板外，还可降低燃烧温度（因为吸热）以及将燃烧反应限域在纳米尺寸区域中。但 SiO_2 球的加入量过多时，反应体系将无法点燃。应用于 CO 催化氧化时，模板辅助溶液燃烧法制备的介孔 CeO_2 的性能明显高于常规溶液燃烧法制备的 CeO_2 和商品 CeO_2。此外，该方法还可以用于制备介孔 CuO，具有较好的通用性[41]。

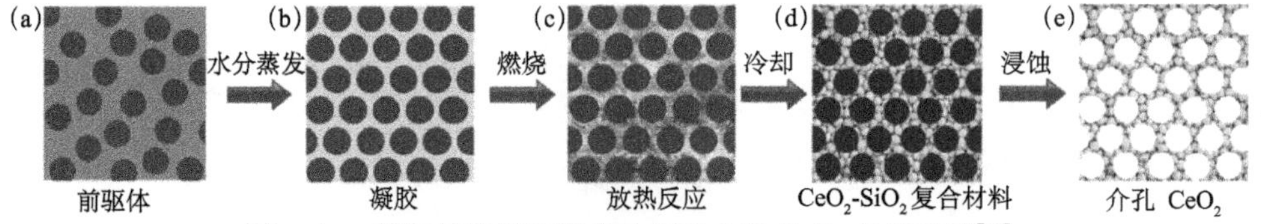

图 3.10 模板辅助溶液燃烧法制备介孔 CeO_2 的示意图[40]

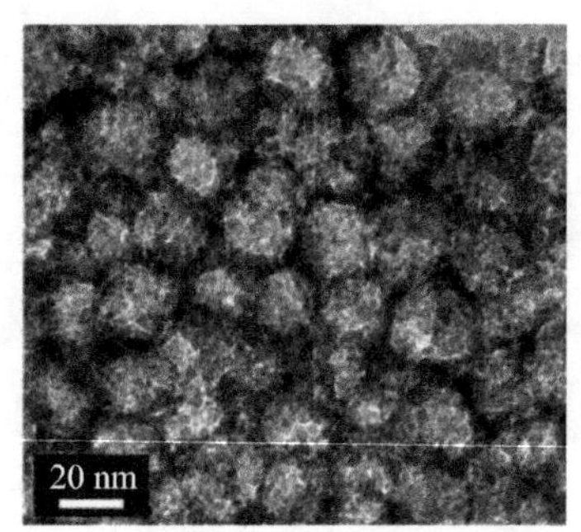

图 3.11 介孔 CeO_2 的 TEM 照片[41]

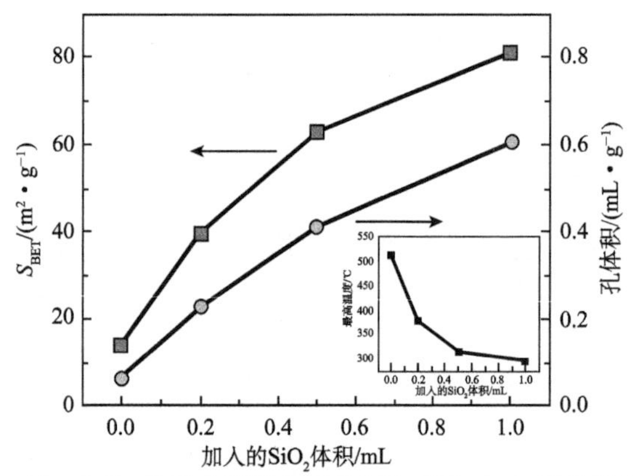

图 3.12 CeO_2 的比表面积和孔体积与 SiO_2 加入量的关系[41]

Manukyan 等以 SBA－15（介孔 SiO_2）为模板，以硝酸铁和硝酸铵为氧化剂、甘氨酸为燃料，制备了 α-Fe_2O_3 纳米颗粒[42]。如图 3.13 所示，首先将 SBA－15 模板加入配好的溶液中，经燃烧后得到 SBA－15/α-Fe_2O_3 复合材料，最后将 SBA－15 用 NaOH 溶液腐蚀去除，即可获得 α-Fe_2O_3 纳米颗粒，颗粒尺寸为5 nm左右（图 3.14），比表面积为 132 $m^2 \cdot g^{-1}$。与常规的溶液燃烧法相比，SBA－15 模板的加入可将燃烧反应限域在纳米尺寸区域中且可以阻碍后续颗粒的长大，有利于获得超细的纳米颗粒。由于细小的颗粒尺寸，该 α-Fe_2O_3 纳米颗粒在 70～300 K 温度范围内表现出超顺磁性，且在 300 K 时的磁化强度达到 21 emu·g^{-1}。

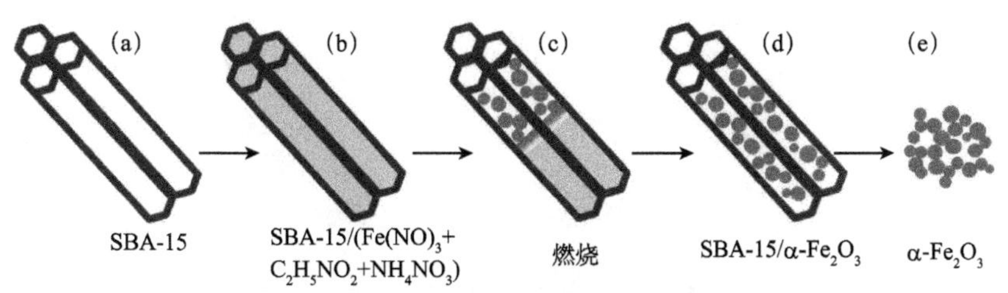

图 3.13 α-Fe_2O_3 纳米颗粒的制备过程示意图[42]

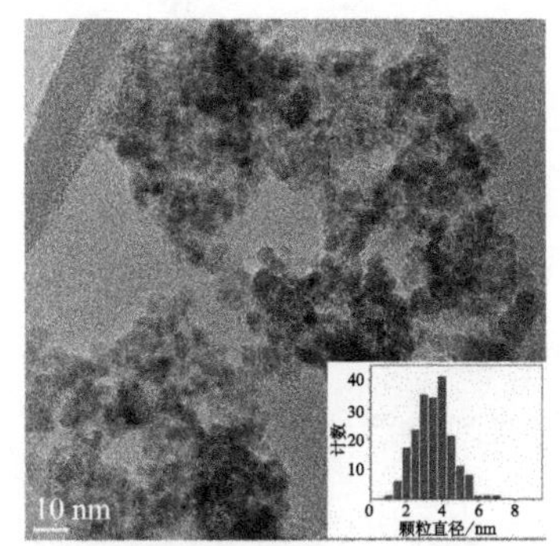

图 3.14 α-Fe_2O_3 纳米颗粒的 TEM 照片（插图为颗粒尺寸分布）[42]

在溶液燃烧中，以 MOF 作为模板可以获得一些特殊外形的多孔金属氧化物。如图 3.15 所示，以八面体形貌的 MIL-101（Cr）为模板加入配好的溶液（含硝酸铬和甘氨酸）中，经点燃后得到 Cr_2O_3 多孔八面体[43]。如图 3.16 所示，该 Cr_2O_3 保留了 MIL-101（Cr）模板的八面体外形（图 3.16（a）和（b）），且具有丰富的介孔（图 3.16（c）），比表面积为 117 m^2·g^{-1}。若不加入模板，直接点燃硝酸铬和甘氨酸的水溶液，所得到的 Cr_2O_3 的比表面积仅为 18 m^2·g^{-1}。

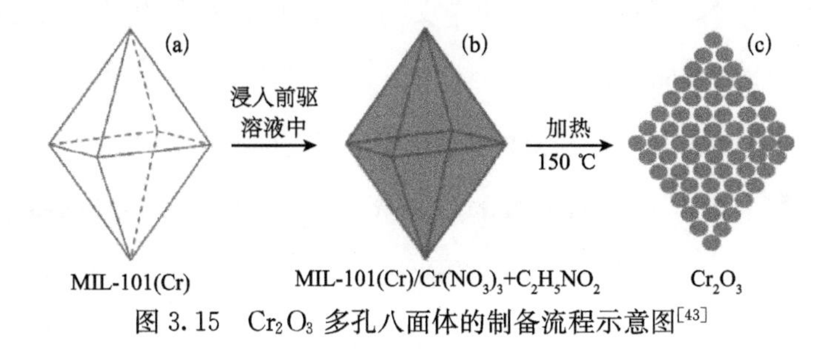

图 3.15 Cr_2O_3 多孔八面体的制备流程示意图[43]

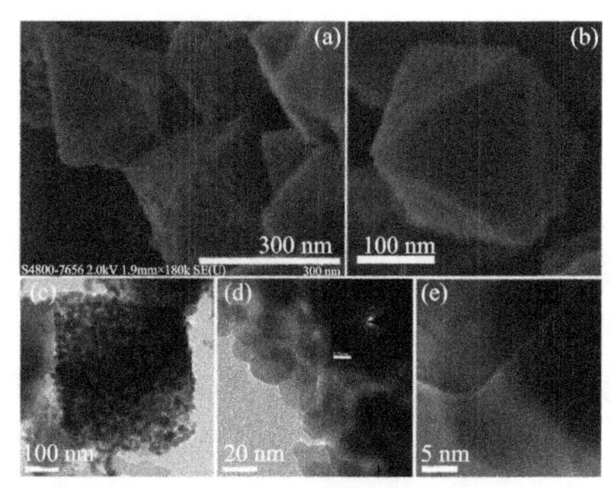

图 3.16 Cr_2O_3 多孔八面体的形貌表征[43]

3.4 喷发燃烧合成多孔材料

在溶液燃烧合成中，燃料的种类以及燃料/氧化剂比例会影响燃烧产物的物相与形貌，也会对燃烧模式产生影响。我们的研究发现，在某些反应体系中，通过对溶液成分的调控，可获得一种新的燃烧模式“喷发燃烧”，该燃烧过程与自然界中的火山喷发相似，产物被不断地抛洒出来，形成疏松多孔的产物[44,45]。以合成 NiO/Ni 纳米粉体为例，我们以硝酸镍作为氧化剂，柠檬酸作为燃料，且额外加入 NaF 来控制燃烧过程[44]。燃料/氧化剂比采用推进剂化学计量比（即 5/9），燃烧反应方程式如下：

$$Ni(NO_3)_2 \cdot 6H_2O + \frac{5}{9}C_6H_8O_7 \cdot H_2O \longrightarrow NiO + N_2 + \frac{79}{9}H_2O + \frac{10}{3}CO_2$$

此外，我们将 NaF 与镍的摩尔比定义为 φ。所以，$\varphi=0$ 代表传统的溶液燃烧合成。当添加适量的 NaF（$\varphi=0.75\sim1.10$）后，燃烧反应过程中可以看到有许多粉末被向上抛洒然后掉落在反应器的周围（图 3.17（a）和（b）），得到蓬松、体积较大的产物（图 3.17（d））。而常规的溶液燃烧（$\varphi=0$）只能得到体积小并且较致密的产物（图 3.17（c））。这种燃烧的产生可能与 NaF 的添加而引起的一些变化有关：较大的气流速率、产物较低的表观密度、颗粒之间的作用力较弱等。

图 3.17 (a) 和 (b) 喷发燃烧过程照片，(c) 传统溶液燃烧产物照片，(d) 喷发溶液燃烧产物照片[44]

图 3.18 (a) 为传统溶液燃烧合成产物的 SEM 照片，其形貌为致密的三维片状结构构成的团聚体，片状结构的尺寸为几十微米且具有光滑的表面。当加入一定量的 NaF（如 $\varphi=1.00$）后，三维片状结构被破坏，转变为由纳米颗粒组成的蓬松多孔的网络结构（图 3.18 (b)）。图 3.18 (c) 和 (d) 分别为以上两个样品的典型的 TEM 照片。传统溶液燃烧样品的颗粒尺寸为几百纳米；而喷发燃烧样品的颗粒尺寸为 20～30 nm，说明喷发燃烧模式可大幅度减小产物的颗粒尺寸。由于喷发燃烧的样品具有蓬松多孔的微结构和较小的颗粒尺寸，所以其比表面积明显高于传统溶液燃烧样品（20.6 $m^2 \cdot g^{-1}$ vs. 2.6 $m^2 \cdot g^{-1}$）。传统溶液燃烧样品的物相为 NiO/Ni 复合材料，其中 NiO 的质量分数为 32%。喷发燃烧样品的物相为 NiO、Ni、NaF 和 $Na_2CO_3 \cdot H_2O$；水洗后可将 NaF 和 $Na_2CO_3 \cdot H_2O$ 去除，得到 NiO/Ni 复合材料，其中 NiO 的质量分数为 79%。图 3.19 为喷发燃烧样品（未水洗）的 Ni、O、Na、F 以及 C 五种元素的能谱面分布结果，可以看出，这五种元素在样品中均匀分布，说明 NaF 和 $Na_2CO_3 \cdot H_2O$ 均匀分布在 NiO/Ni 颗粒的周围形成了连续的盐基底，这有效地抑制了产物的团聚，有利于得到高度分散的纳米颗粒，从而有效增加产物的比表面积，其作用机理如

图 3.20所示。产物的比表面积随 NaF 用量的增加而增大。

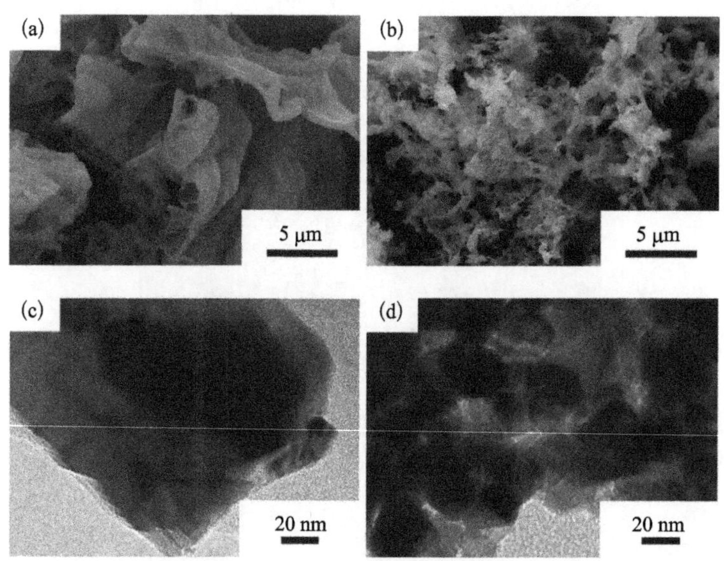

图 3.18 (a) 和 (c) 传统溶液燃烧样品以及 (b) 和 (d) 喷发燃烧样品的形貌表征[44]

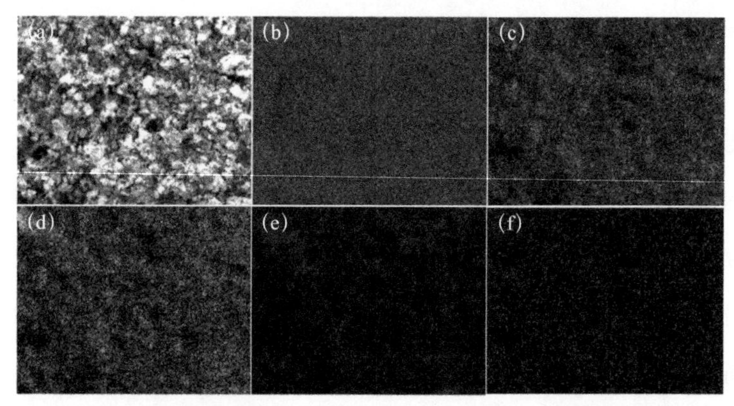

图 3.19 喷发燃烧样品（未水洗）的 SEM 照片及能谱面分布

(a) SEM 照片；(b) Ni；(c) O；(d) Na；(e) F；(f) C[44]

与常见的盐助溶液燃烧不同，NaF 并不是完全惰性的，从 XRD 结果可以看出，有一部分 NaF 在喷发燃烧后转变成了 $Na_2CO_3 \cdot H_2O$。此外，NaF 的加入可能增加了燃烧中氧化性气体含量，导致产物中 NiO 的含量随着 NaF 添加量的增加而增加。目前 NaF 到 Na_2CO_3 的具体转变过程尚不清楚。当 NaF 加入反应体系中之后，由于 NaF 的吸热作用，体系温度降低，有利于防止产物的烧结和团

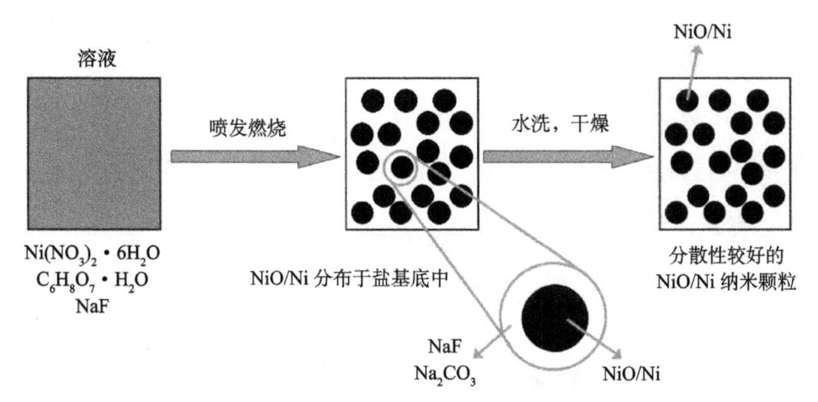

图 3.20 喷发燃烧过程机理示意图

聚。另外，NaF 价格较低且溶于水，通过简单的水洗过程即可从产物中去除而不影响产物的纯度。为分析燃烧过程，我们将点燃前的干凝胶进行 TG-DSC 分析，测试气氛为氩气，升温速率为 4 K · min^{-1}。如图 3.21 所示，样品在 433～456 K 内有一个很强的放热峰并伴随着急剧的质量变化，这是因为凝胶发生了燃烧反应。溶液燃烧的点燃温度取决于前驱体溶液中某一种反应物（氧化剂或者燃料）的分解温度，即点燃温度为分解温度较低的反应物的分解温度[46]。在这些体系中，放热峰所对应的温度与六水合硝酸镍的分解温度[47,48]相近，而略低于柠檬酸的分解温度[46]。因此，很有可能是六水合硝酸镍分解所产生的 HNO_3 和 NO_2 与柠檬酸的反应点燃了燃烧过程。

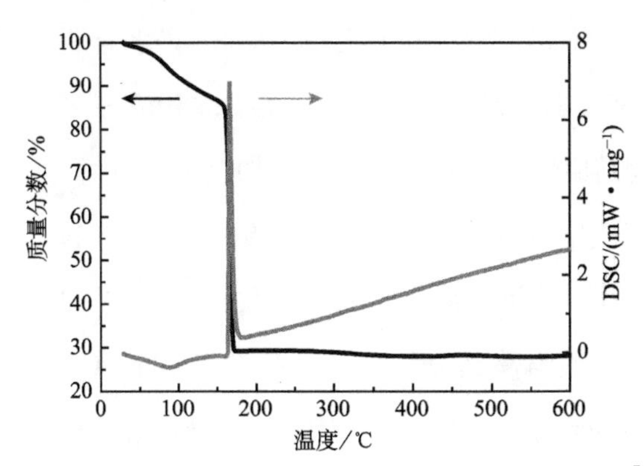

图 3.21 点燃前的干凝胶（φ=1.00）的 TG-DSC 曲线[44]

喷发燃烧得到的 NiO/Ni 作为储锂材料时具有较好的性能。第二次充电容量为743 mAh·g^{-1}，经过二十次循环之后的充电容量为702 mAh·g^{-1}。储锂性能较好的主要原因是：纳米颗粒可以缩短锂离子的扩散距离；Ni金属颗粒的存在也显著提高了电极的导电性；蓬松多孔结构不仅可有效缓冲循环过程材料发生的体积变化，而且还有利于电解液对负极材料的浸润。此外，我们的研究发现，这种新型燃烧模式还可应用于其他体系，包括Ni-Co-O、Co-O、La-O、Ni-Co-O、Zn-Co-O以及La-Ni-O体系等。

3.5 自维持燃烧分解合成多孔材料

目前孔径为0.1～1 μm的大孔材料的制备相对较困难，主要通过模板法的多步过程制备（可参见3.2节的内容）。模板法程序较复杂，制备周期较长，且需要严格控制反应条件，成本较高。同时，这种方法需要利用高活性的金属醇盐作为前驱体。类似地，分级多孔材料的制备通常需要通过两种模板剂的精心组合来实现。正如3.2节所介绍，可通过溶解两相混合物中的其中一相来得到另一相的大孔材料，但其孔隙率较低，制备过程复杂且需要多步才能完成。本节介绍通过一步燃烧分解过程得到大孔材料或大孔/介孔材料，大孔的形成关键在于溶液燃烧体系中引入合适的气化剂（醋酸镍）。

图3.22为大孔NiO/Ni粉体制备过程的示意图：将1.250 g $Ni(NO_3)_2 \cdot 6H_2O$、1.250 g $Ni(CH_3COO)_2 \cdot 4H_2O$、0.633 g水合肼溶液（$N_2H_4 \cdot H_2O$，85wt%①）和0.060 g甘氨酸（$C_2H_5NO_2$）溶入15 mL去离子水中，搅拌后获得浑浊的金属络合物前驱体。然后通过干燥和加热使其分解，一步形成大孔粉体。在起始溶液中，Ni^{2+}先和N_2H_4络合，然后与CH_3COO^-和NO_3^-等阴离子结合，析出金属络合物沉淀。此类金属络合物在氧化性气氛中（如大气中的O_2）受热会放出大量热量并发生自蔓延分解[49,50]。我们将CH_3COO^-和NO_3^-组合使用，NO_3^-（溶液燃烧中的氧化剂）可以与N_2H_4（溶液燃烧中的还原剂）反应导致剧

① wt%代表重量百分。

烈的燃烧，CH_3COO^- 则作为气化剂。氧化剂与还原剂之间的放热反应引发了自蔓延分解且伴随着燃烧。在燃烧过程中 CH_3COO^- 的瞬间分解导致多孔结构的形成。通过改变醋酸镍的量可以调节产物（大孔材料）的孔隙率，同时多孔结构也可以通过改变金属络合物的成分来进行调控。这一方法具有快速、节能的特点，且反应原料在水溶剂中进行均匀混合，与溶液燃烧法十分相似[51]。

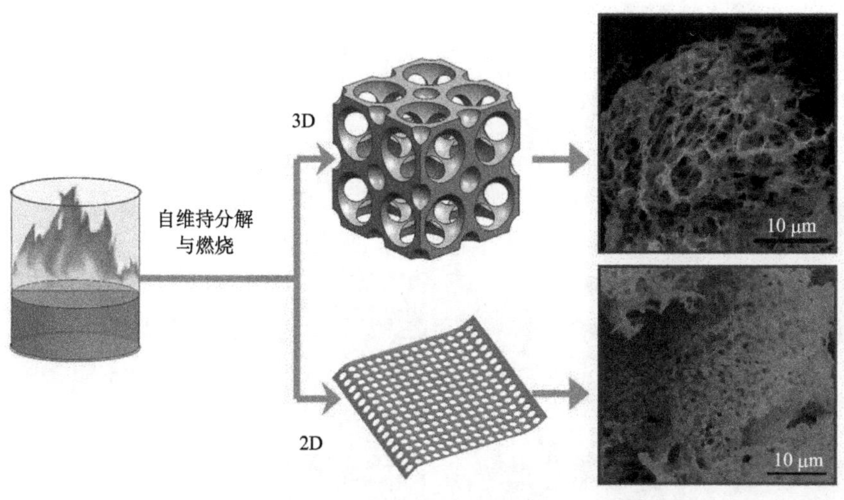

图 3.22 大孔 NiO/Ni 粉体制备过程示意图[51]

图 3.23（a）为制得的三维大孔结构 NiO/Ni 的 SEM 图片。从截面 SEM 图（图 3.23（b））可以看出，反应产物具有孔隙率较高、连通性较好的大孔结构，孔壁厚度主要分布在 100～200 nm。低倍的 TEM 照片（图 3.23（c））进一步展示了样品高度多孔的结构。样品的选区电子衍射图案（图 3.23（d））表明所制得的大孔粉体为多晶 NiO/Ni，且结晶度较好。压汞法测试结果表明，该大孔材料的孔径分布主要集中在 0.1～4.0 μm，孔径分布在 0.7 μm 处出现最高峰（图 3.24），这一结果与 TEM 观测到的结果相符。另外，孔径分布曲线中 4.0～10.0 μm 处较弱、较宽泛的峰很可能是整体大孔框架粉末之间的间隙造成的。XRD 结果表明大孔粉体为结晶度较好的 NiO/Ni，这一结果与选区电子衍射结果（图 3.23（d））相一致。此外，通过 XRD 检测还发现样品中存在微量的 Ni_3C，这可能是由醋酸镍的分解而产生的[52,53]。镍基络合物在热分解反应中首先形成大孔的金属 Ni，然后部分 Ni 纳

米颗粒被空气中的 O_2 氧化形成 NiO/Ni。为了证明这一猜想，我们将该络合物在 N_2 气氛下、在 300 ℃恒温加热 30 min 使其分解，分解的产物通过 XRD 测试只能检测出 Ni 的衍射峰，几乎不存在 NiO 的衍射峰，与预期结果相一致。

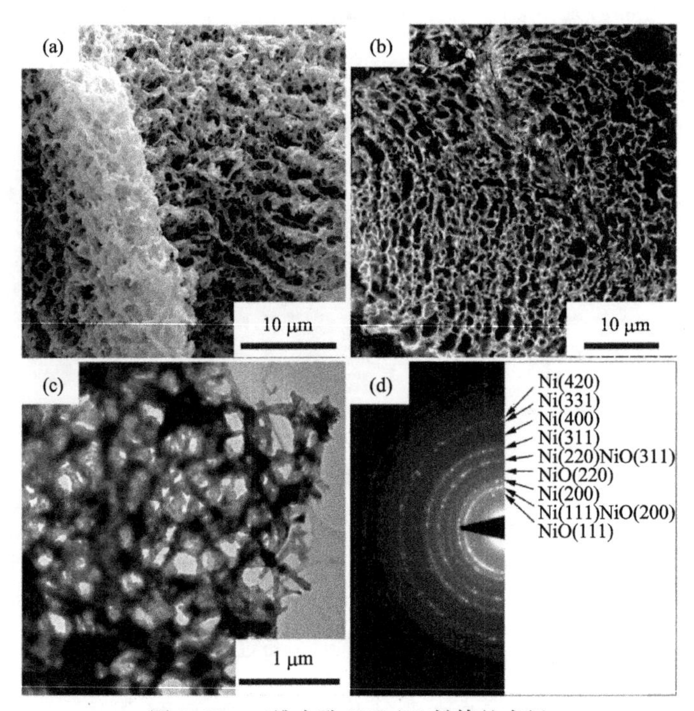

图 3.23 三维大孔 NiO/Ni 粉体的表征

(a) SEM 照片；(b) 截面的 SEM 照片；(c) TEM 照片；(d) 选区电子衍射花样

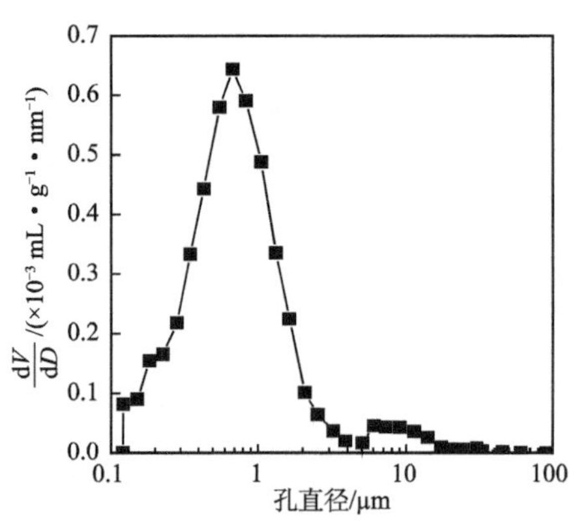

图 3.24 压汞法测试所得的三维大孔 NiO/Ni 粉体的大孔孔径分布曲线[51]

将反应体系中燃料的质量增加至原来的 2.5 倍（即增加水合肼和甘氨酸的用量），可以得到一种高度蓬松多孔的二维大孔材料（图 3.25）。二维多孔薄片的平面尺寸约为几十微米。从低倍 TEM 图（图 3.25（c））可以看出，样品的孔径分布在几十纳米到几微米之间。从孔壁的高分辨率 TEM 照片（图 3.25（d））可以看到与 Ni（111）和 NiO（111）晶面相对应的晶格条纹，说明所制备的二维大孔材料为 NiO/Ni。经压汞法测试可知，其孔径分布范围主要为 0.2～4.0 μm，峰值孔径为 2.0 μm（图 3.26）。经 XRD 测试可知，该二维多孔粉体含有 Ni、NiO 和少量的 Ni_3C。水合肼和甘氨酸不仅作为燃料，也作为络合剂与镍离子结合。增加水合肼和甘氨酸的含量可能降低了络合物的机械强度（降低合成过程中配体中 Ni 金属之间的相互作用），导致形成二维结构，而非三维结构。

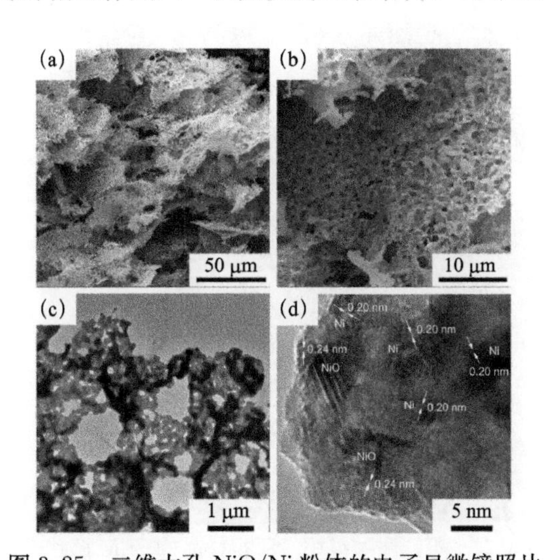

图 3.25　二维大孔 NiO/Ni 粉体的电子显微镜照片

(a) 和 (b) SEM 照片；(c) TEM 照片；(d) HRTEM 照片[51]

气化剂（醋酸镍）的加入是形成高孔隙的大孔结构的关键之一。为了方便描述，我们将醋酸镍与六水合硝酸镍的质量比标记为χ。图 3.27 为不同醋酸镍用量（χ=0、0.1、0.5 和 2.0）所得样品的 SEM 图。在没有醋酸镍（χ=0，图 3.27（a））和只有少量醋酸镍（χ=0.1，图 3.27（b））的情况下，产物中只有很少的大孔。与此不同，当χ的值大于 0.5 时产物具有高的孔隙率，如图 3.27（c）和（d）所示。经压汞法测试可知，当χ=0.5 时大孔孔径分布的峰值孔径约为 0.5 μm

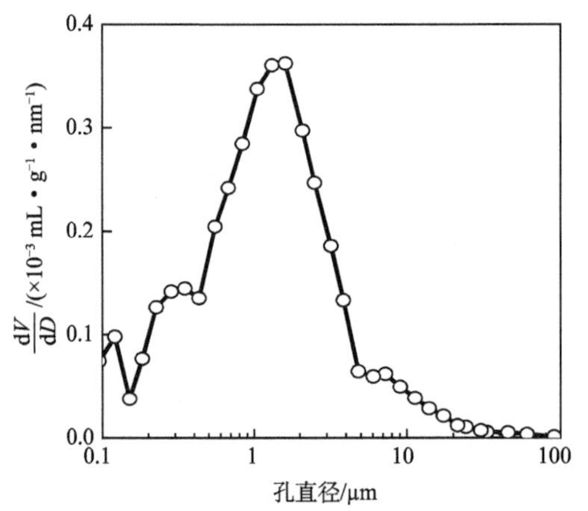

图 3.26 压汞法测试所得的三维大孔 NiO/Ni 粉体的大孔孔径分布曲线[51]

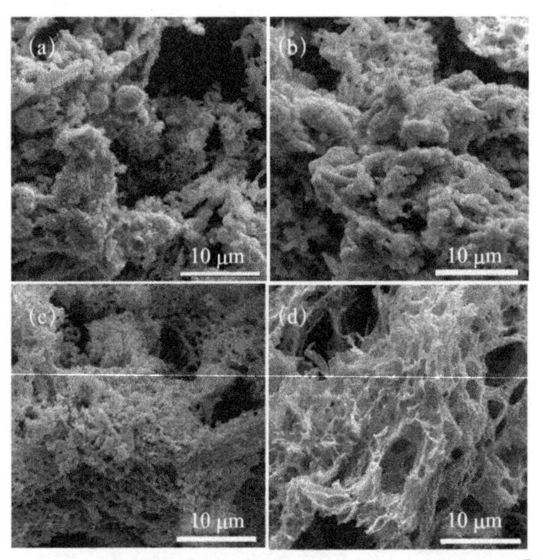

图 3.27 不同醋酸镍用量所得样品的 SEM 照片[51]

(a) χ=0；(b) χ=0.1；(c) χ=0.5；(d) χ=2.0

(图 3.28)；当χ=1.0 时孔径分布的峰值孔径增加到 0.7 μm；当χ=2.0 时孔径分布的范围更广。进一步增加χ会减弱燃烧的强度。χ=1.0 时获得的三维大孔结构的孔径分布最窄。因此，醋酸镍在热分解过程中的气化提高了产物的孔隙率。然而，当前驱体溶液中只含有醋酸镍，没有六水合硝酸镍时无法获得多孔材料，只能获得一些颗粒，这是因为六水合硝酸镍是剧烈燃烧反应中不可或缺的氧化剂。

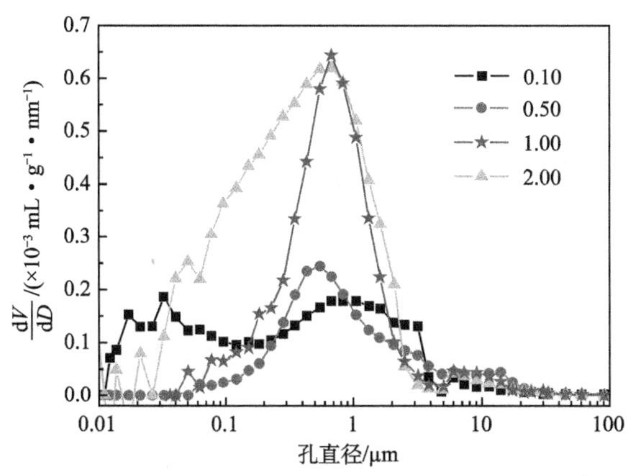

图 3.28　不同醋酸镍用量（χ）时产物的大孔孔径分布曲线（由压汞法测试获得）

为研究燃料中水合肼和甘氨酸的相对比例对产物形貌的影响，我们将六水合硝酸镍和四水合醋酸镍的质量分别固定为 1.250 g，改变水合肼和甘氨酸的用量，然后采用 SEM 和压汞测试进行分析。使水合肼在燃料（水合肼＋甘氨酸）中所占的质量分数（用ε 表示）分别为 0（0.43 g 甘氨酸）、50%（0.304 g 水合肼和 0.258 g 甘氨酸）、90%（0.633 g 水合肼和 0.060 g 甘氨酸）和 100%（0.760 g 水合肼）。图 3.29 为所得产物的 SEM 照片，可以看出，随着水合肼所占比例的增加，大孔的密集程度大体上单调增加。图 3.30 为由压汞法测试所得的相应产物的孔隙率和大孔孔径分布。从图 3.30 可以看出，孔隙率基本随着ε的增加而增大，但值得注意的是，此处压汞法测得的孔隙率为粉末的孔隙率，即该孔隙率包含了大孔框架整体粉末之间的间隙（而不仅仅包含框架内的大孔）。另外，随着ε

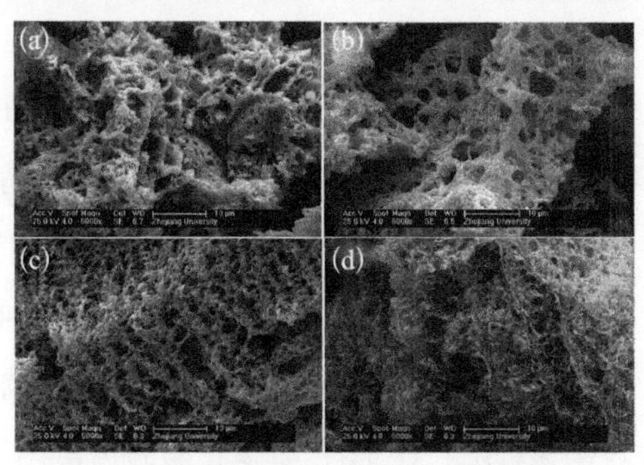

图 3.29　混合燃料中水合肼所占质量分数不同时产物的 SEM 照片

(a) 0；(b) 50%；(c) 90%；(d) 100%

的增加，孔径分布稍微变窄（图 3.30（b）），$\varepsilon=90\%$和$\varepsilon=100\%$的样品的孔隙率（图 3.30（a））和孔径分布范围（对比图 3.30（b）和图 3.24）均较为接近。这说明要得到孔隙率高、孔径分布较均匀的大孔材料需要水合肼的参与，因为水合肼可以与镍离子络合，然后再与阴离子结合形成所需的镍基络合物。

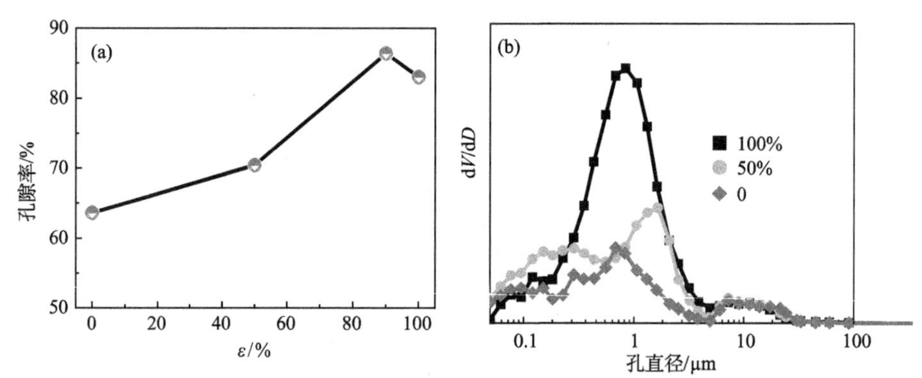

图 3.30 燃料中水合肼所占质量分数不同时产物的大孔孔隙率（a）和孔径分布（b）

该制备方法还适合其他大孔氧化物的制备，如大孔 ZnO。制备过程与大孔 NiO/Ni 类似：将 1.250 g 的 $Zn(NO_3)_2 \cdot 6H_2O$、1.250 g 的 $Zn(CH_3COO)_2 \cdot 2H_2O$、2.654 g 的水合肼（$N_2H_4 \cdot H_2O$，85wt%）和 0.250 g 的甘氨酸（$C_2H_5NO_2$）溶解于 15 mL 去离子水中（装于 100 mL 坩埚中），得到白色混浊的锌基络合物前驱体，将其放到400 ℃恒温的炉子中，经干燥和剧烈分解，得到最终样品[54]。经 XRD 分析（结果如图 3.31 所示），所得产物为六方纤锌矿 ZnO 结构，由谢乐公式可算得样品的平均晶粒尺寸约为 33 nm。从 SEM 照片（图 3.32（a））可以看出样品具有珊瑚状结构，尺寸为几十微米，且该产物具有分级多孔结构，即大孔孔壁上含有较小的介孔。这种三维分级结构由纳米颗粒和纳米棒组成，介孔由纳米颗粒聚集而成，而大孔则由纳米颗粒和纳米棒自组装而成（图 3.32（b））。纳米棒的长度为 1.0～1.5 μm，直径约为 200 nm（图 3.32（b））。从高倍率 TEM 图像（图 3.32（c））可以看出，纳米颗粒大小为 30～40 nm，与谢乐公式所得结果（33 nm）相符。纳米颗粒的 HRTEM 照片如图 3.32（d）所示，测得其晶格间距为 0.28 nm，对应 ZnO 的（100）晶面。SAED 图案(图 3.32（d）插图）表明该产物为多晶 ZnO，与 XRD 结果相一致。从图 3.32（e）可以看到纳米棒上粘结了许多纳米颗粒。从纳米棒的 HRTEM 图像（图 3.32（f））可以看出，其晶面间距为0.26 nm，对应于 ZnO 的

(002) 晶面。这一结果表明六方 ZnO 纳米棒沿［002］方向生长。从纳米棒的 SAED 图谱（图 3.32（f）中的插图）的衍射花样可以看出，ZnO［002］方向与纸面平行，进一步证实了纳米棒的生长方向。图 3.33为多孔 ZnO 的氮气吸附-脱附等温曲线和孔径分布曲线。氮气吸附-脱附曲线中的脱附滞后环（图 3.33（a））表明样品中存在介孔，其孔径分布（图 3.33（b））涵盖了 4 nm 到 128 nm，并在 9.7 nm 处出现峰值，且在 1.6 nm 处也存在一个尖锐的峰。样品比表面积为 17.3 $m^2 \cdot g^{-1}$，总介孔体积为 0.11 $cm^3 \cdot g^{-1}$。

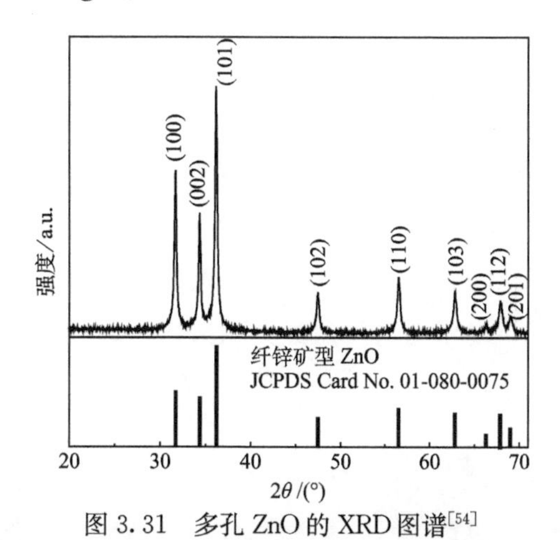

图 3.31 多孔 ZnO 的 XRD 图谱[54]

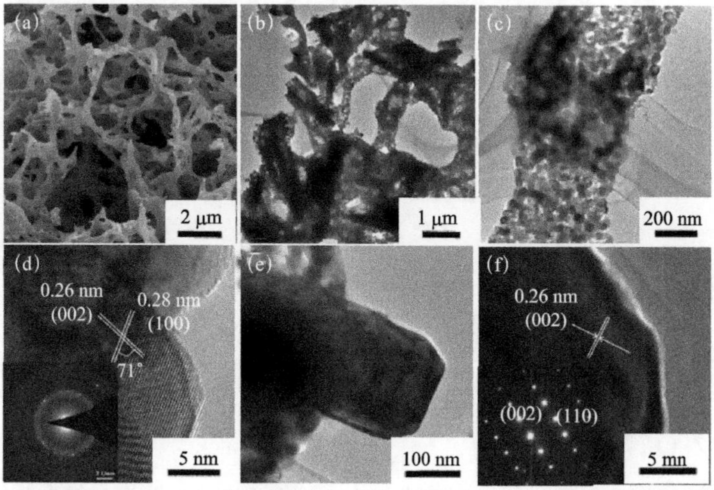

图 3.32 多孔 ZnO 的（a）SEM 照片和（b）TEM 照片，多孔 ZnO 中纳米颗粒的（c）TEM 照片和（d）HRTEM 照片，多孔 ZnO 中纳米棒的（e）TEM 照片和（f）HRTEM 照片，（d）和（f）中的插图为相应的选区电子衍射花样[54]

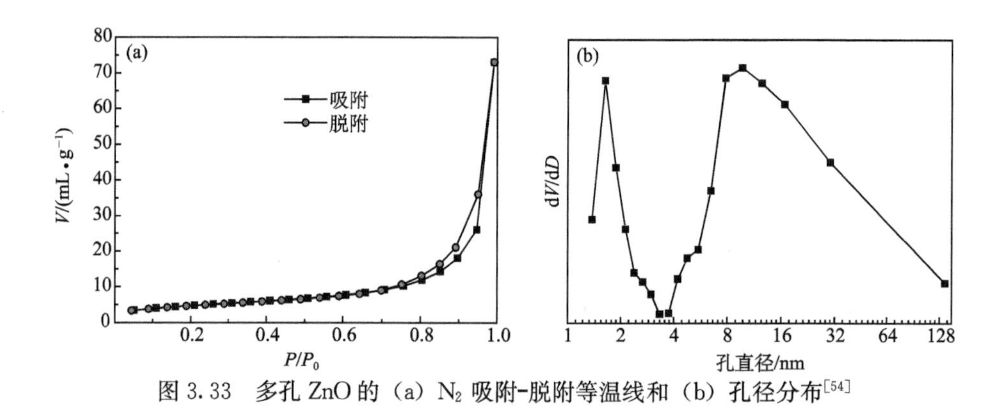

图 3.33 多孔 ZnO 的（a）N_2 吸附-脱附等温线和（b）孔径分布[54]

根据 SEM 和 TEM 观察的结果，可以推测多孔 ZnO 的可能生长机理（图 3.34）。在燃烧过程中，锌基络合物热分解形成纳米颗粒，然后纳米颗粒进一步聚集在一起以降低其表面能，从而形成纳米颗粒之间的介孔。与此同时，锌基络合物热分解过程也形成了 ZnO 纳米棒，并且和纳米颗粒一起构成大孔的骨架。正如前面“大孔 NiO/Ni 部分”所述，醋酸根在燃烧过程中分解而产生大量气体，有利于形成大量的大孔。

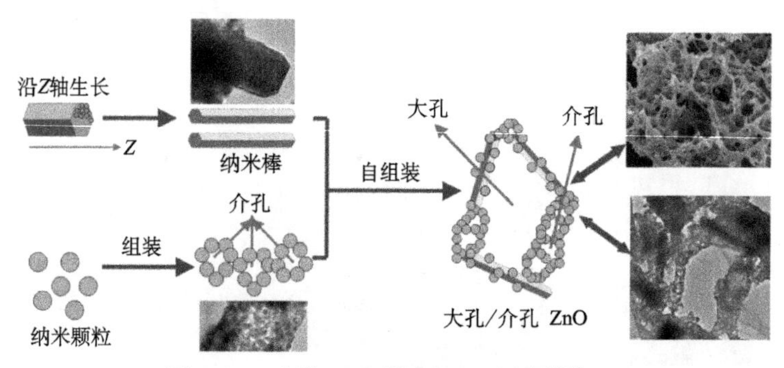

图 3.34 多孔 ZnO 形成机理示意图[54]

采用类似方法，云南大学王毓德课题组制备了多种大孔结构氧化物，例如，大孔 ZnO/CdO 复合材料（形貌如图 3.35 所示）[55]，大孔 Al 掺杂 ZnO[56,57]、大孔 Co_3O_4[58,59]、大孔 Co_3O_4/CeO_2 复合材料[60]、大孔 $ZnCo_2O_4$[61] 和 Ag 修饰的大孔 Al 掺杂 ZnO[62] 等。

前面所述的将金属硝酸盐、金属醋酸盐、甘氨酸、水合肼混合得到的络合物在电子束作用下可形成多孔纳米泡沫结构[63]。以锌基络合物为例（制备过程：将 1.250 g 的 $Zn(NO_3)_2 \cdot 6H_2O$、1.250 g 的 $Zn(CH_3COO)_2 \cdot 2H_2O$、2.654 g 的水合肼（$N_2H_4 \cdot$

图 3.35　多孔 ZnO/CdO 复合材料的 SEM 照片[55]

H_2O，85wt%）和 0.250 g 的甘氨酸（$C_2H_5NO_2$）溶解于15 mL去离子水中，80 ℃干燥），该锌基络合物在透射电子显微镜的电子束辐照下快速分解，并形成多孔泡沫结构（图 3.36），其孔结构涵盖了大孔、介孔和微孔，且具有非常薄的孔壁（几纳米）。该泡沫结构与前面所述的空气中热分解得到的三维大孔结构差异较大，可能是因为电子束的加热速度较快，且在真空条件下有利于络合物的快速分解，即加热速率的不同而导致分解速率的差异，但其具体机理目前尚不清楚，有待进一步的研究。从其 HRTEM 照片（图 3.36（c））可以清楚地看到间距为 0.25 nm 的条纹，对应于 ZnO 的（101）面，说明在电子束作用下，分解后的产物为 ZnO，选区电子衍射结果（图 3.36（d））也进一步证实了分解后的产物为多晶 ZnO。类似地，镍基络合物在 TEM 的电子束作用下也可以得到类似的泡沫结构（图 3.37），说明该方法也具有较好的通用性。

图 3.36　锌基前驱体在 TEM 观察时的电子束作用下分解后得到的产物的表征[63]

（a）和（b）TEM 照片；（c）HRTEM 照片；（d）选区电子衍射图案

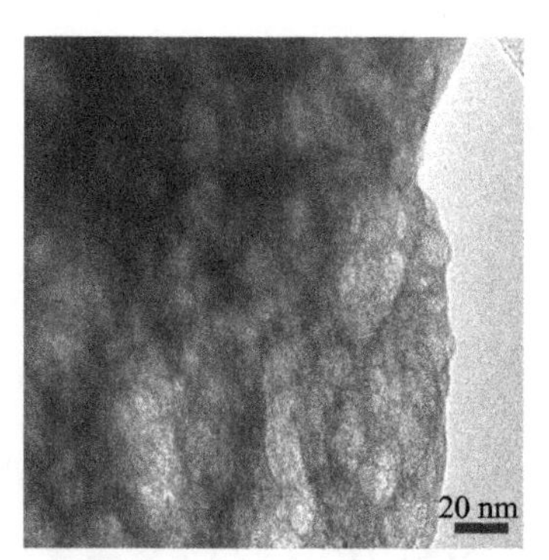

图 3.37　镍基前驱体在 TEM 观察时的电子束作用下分解后得到的产物的 TEM 照片[63]

3.6　非晶络合物分解法合成多孔材料

选择合适的燃料，并提高燃料/硝酸盐比例到一定数值时，燃烧反应的剧烈程度明显降低，甚至观察不到火焰（为“阴燃”型燃烧或者仅为热分解）。燃烧过程分解释放出大量气体，形成一种非晶金属络合物。随后将该非晶络合物以热处理（空气气氛）的方式将 C、N、H 等有机成分去除，也可得到多孔过渡金属氧化物，制备过程如图 3.38 所示。

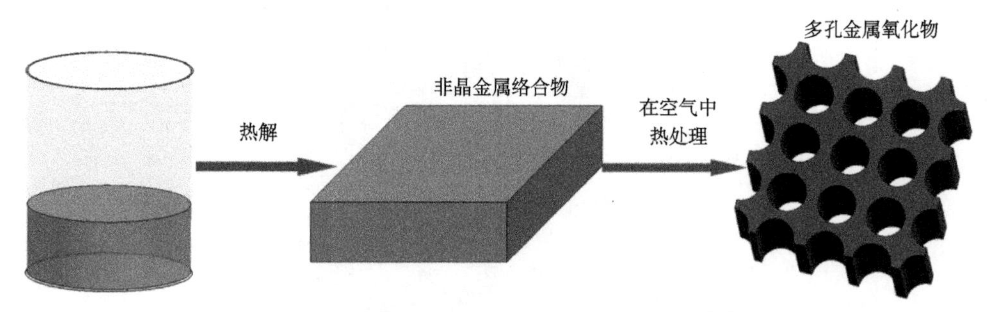

图 3.38　多孔金属氧化物的制备过程示意图[64]

以多孔 Co_3O_4 的制备为例，将 1.22 g 的 $Co(NO_3)_2 \cdot 6H_2O$ 和 1.75 g 的甘氨酸溶解于 10 mL 去离子水中，然后置于 400 ℃的炉子中，溶液经沸腾、干燥后开始分解，释放出大量气体，约 16 min 后分解反应完成，将其从炉子中取出、自然冷却，得到黑色前驱体；将上述黑色前驱体在 355℃热处理 1 h，得到多孔 Co_3O_4。图 3.39 为分解反应后所得络合物的 XRD 图谱，可以看出，未能检测到任何衍射峰，说明所制备的钴基络合物是非晶的。从其能谱图（图 3.40）可以看出，该络合物存在 Co、O、C、N 四种元素，且这四种元素在样品中均匀分布。这是因为前驱体溶液可以达到分子水平的均匀混合，这有利于分解后产物中各元素的均匀分布，所以经热处理后可获得均匀的多孔结构。在本实验的硝酸钴-甘氨酸反应体系中，甘氨酸的用量为推进剂化学计量比用量的五倍，因而经过微弱燃烧后，产物中有大量甘氨酸的残余，而硝酸根基本分解完全，所以 C、N、O 元素主要来自甘氨酸的残余产物。经元素分析可知，该络合物中的 C、N、H 质量分数分别为 34.55%、19.27%、2.23%。

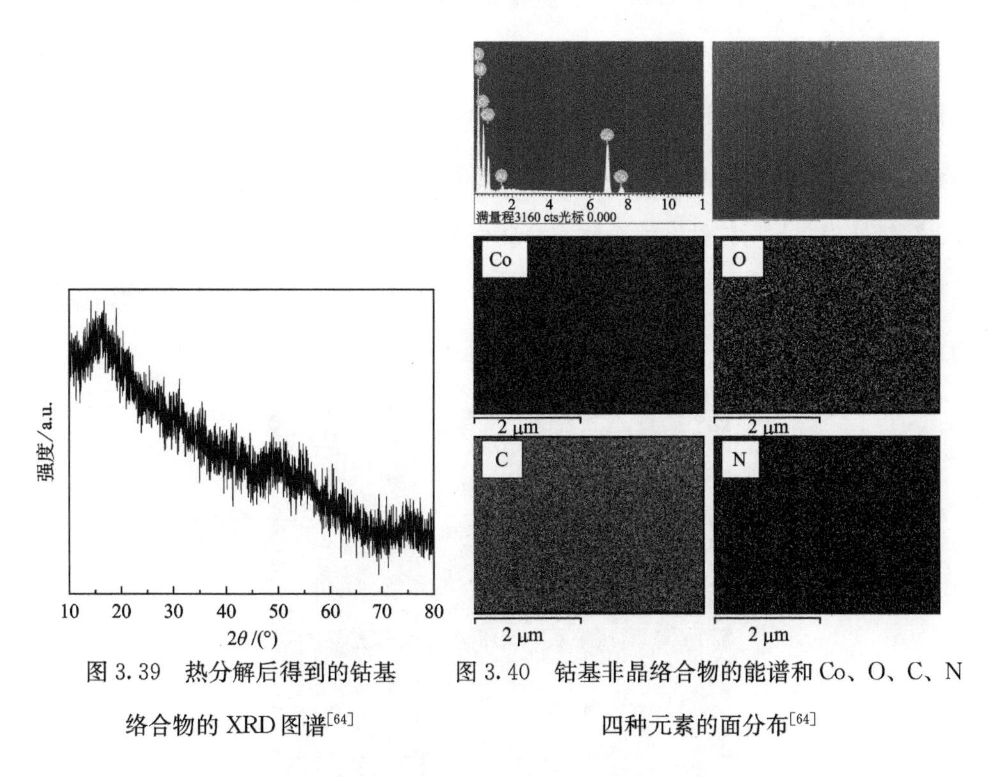

图 3.39 热分解后得到的钴基络合物的 XRD 图谱[64]

图 3.40 钴基非晶络合物的能谱和 Co、O、C、N 四种元素的面分布[64]

图 3.41（a）和（b）分别为钴基络合物的 SEM 和 TEM 照片，可以看出，样品十分致密、没有多孔结构，且表面光滑。其 HRTEM 照片（图 3.41（c））中未能观察到任何晶格的存在，说明样品为非晶结构，与 XRD 结果（图 3.39）相一致。另外，选区电子衍射图案（图 3.41（d））中只有一个晕圈而没有任何

衍射斑点或者衍射环，进一步证实了其非晶结构。将该络合在355 ℃热处理 1 h，可将其转化为多孔 Co_3O_4。如图 3.42（a）所示，热处理后样品的 XRD 图谱中出现了许多尖锐的衍射峰，且所有的衍射峰均对应于面心立方的 Co_3O_4。其中 19°、31.3°、36.9°、38.5°、44.8°、55.6°、59.4°、65.2° 处的衍射峰分别对应于 Co_3O_4 的（111）、（220）、（311）、（222）、（400）、（422）、（511）、（440）晶面。这说明热处理后样品转变为 Co_3O_4，且未检测到其他物相，说明样品具有较高的纯度。其宽泛的衍射峰说明样品的晶粒尺寸较小，根据最强峰的半高宽采用谢乐公式，可以得到其平均晶粒尺寸约为 12 nm。经元素分析可知，样品中 C 和 H 的质量分数分别为 0.38%和 0.088%，且检测不到 N 元素的存在，说明 355 ℃热处理 1 h 可基本将原先钴基络合物中的 C、N、H 元素去除，热处理后所得的 Co_3O_4 具有较高的纯度。拉曼光谱（图 3.42（b））中位于 192 cm^{-1}、476 cm^{-1}、518 cm^{-1}、613 cm^{-1}、685 cm^{-1} 的峰也进一步证明了热处理后的样品为 Co_3O_4[65]，说明 355 ℃热处理 1 h 后该钴基络合物完全转变为 Co_3O_4。图 3.43（a）和（b）为热处理样品的 TEM 照片，可以看出样品为多孔网络结构，含有丰富的介孔，网络的总体尺寸为微米级，孔尺寸为几纳米到几十纳米（图 3.43（b）和（c）），颗粒

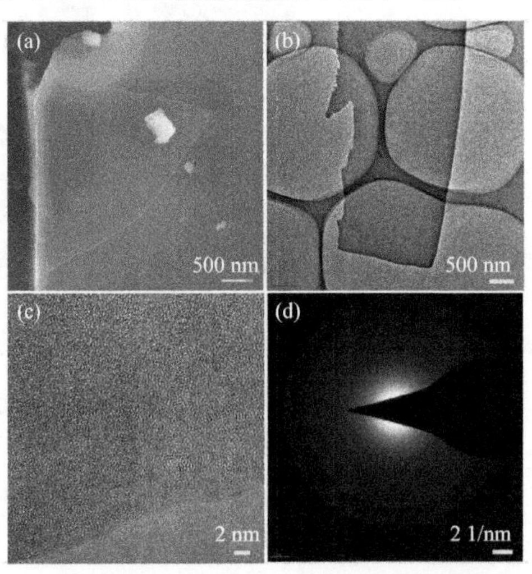

图 3.41　钴基非晶络合物的（a）SEM 照片，（b）TEM 照片，（c）HRTEM 照片和（d）选区电子衍射花样

尺寸也集中于几纳米到二十几纳米（图 3.43（b）和（c）），与谢乐公式计算所得的平均晶粒尺寸相一致。从 HRTEM 照片（图 3.43（c））中，可以观察到 Co_3O_4 的许多晶面，包括（111）、（311）、（400）和（220）晶面，说明该多孔 Co_3O_4 具有良好的结晶度。选区电子衍射图谱（图 3.43（d））进一步证实样品为多晶 Co_3O_4。为获得该多孔 Co_3O_4 的孔结构等信息，我们对其进行了氮气等温吸附-脱附测试，所得的氮气吸附-脱附等温线和相应孔径分布（根据脱附曲线采用 BJH 方法获得）如图 3.44 所示。从图 3.44（a）可以看出，该吸附-脱附曲线可归类为 IV 型吸附-脱附曲线，说明样品中存在丰富的介孔，其比表面积和总孔体

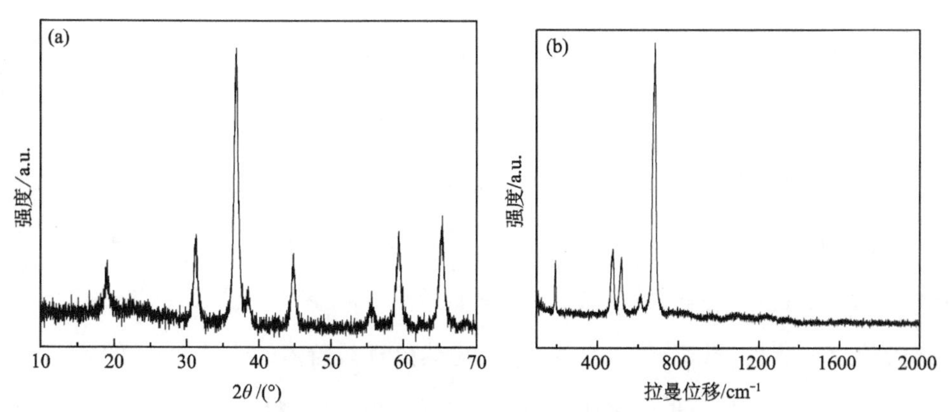

图 3.42　多孔 Co_3O_4 的（a）XRD 图谱和（b）拉曼光谱[64]

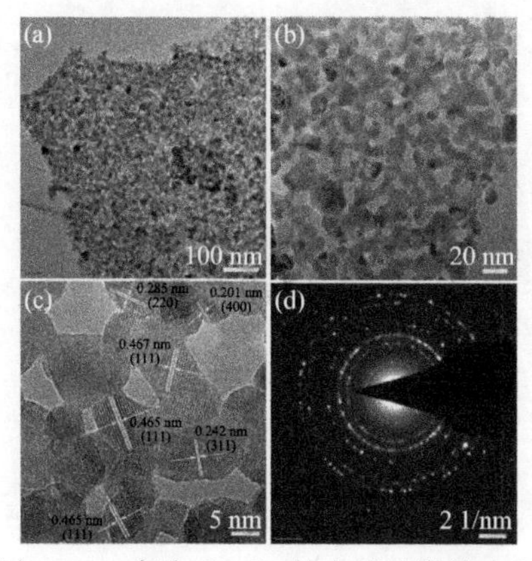

图 3.43　多孔 Co_3O_4 的电子显微镜表征

（a）和（b）TEM 照片；（c）HRTEM 照片；（d）选区电子衍射花样[64]

积分别为 59 $m^2 \cdot g^{-1}$和 0.261 $cm^3 \cdot g^{-1}$。其孔径涵盖了几纳米到几十纳米的范围（图 3.44（b）），且孔径分布在 15 nm 处出现峰值。

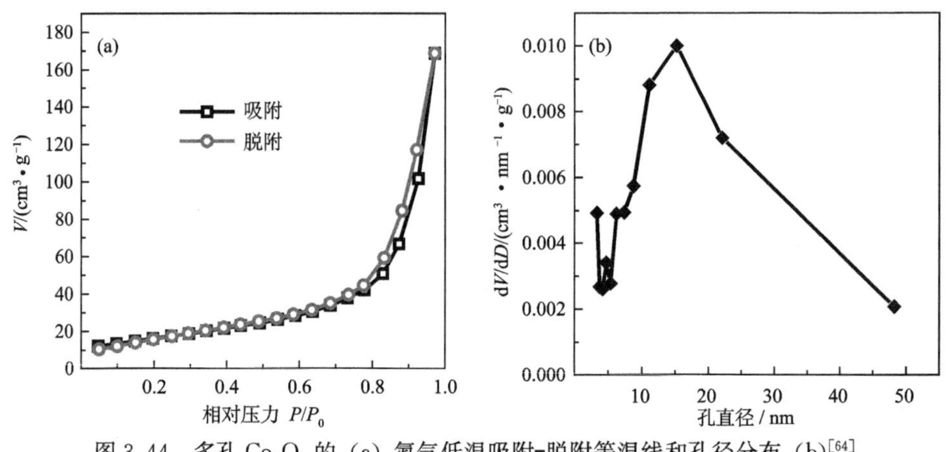

图 3.44　多孔 Co_3O_4 的（a）氮气低温吸附-脱附等温线和孔径分布（b）[64]

此制备方法可拓展到多孔 ZnO 的制备。将 1.25 g $Zn(NO_3)_2 \cdot 6H_2O$ 和 1.75 g甘氨酸溶于去离子水中获得无色溶液，然后置于 400 ℃恒温的炉子中，经分解后得到黑色锌基非晶络合物；然后将此络合物在空气中于 500 ℃热处理 5 h，得到多孔 ZnO[66]。图 3.45（a）和（b）为热处理后所得的多孔 ZnO 的 SEM 照片，可以看到大量的蠕虫状多孔结构，且整体具有二维形貌，片的尺寸为几十微

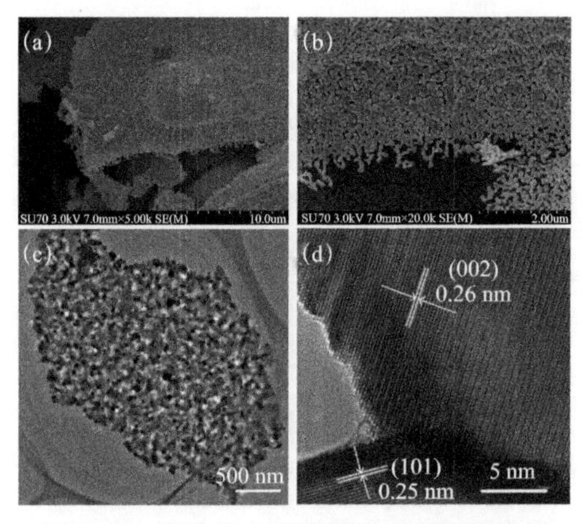

图 3.45　多孔 ZnO 的透射电子显微镜表征

（a）和（b）SEM 照片；（c）TEM 照片；（d）HRTEM 照片[66]

米到几百微米，多孔的形成源于络合物分解过程中有机成分的去除。TEM照片（图3.45（c））可更清晰地看到其多孔结构。在其高分辨透射电镜照片（图3.45（d））中可以看到间距为0.26 nm和0.25 nm的条纹，分别对应于ZnO的（002）和（101）晶面。与多孔Co_3O_4相比，此处的多孔ZnO由于热处理温度较高，所得的多孔结构为大孔结构。

Huang等以硝酸铁、甘氨酸、葡萄糖为原料，经溶液燃烧后得到一种非晶材料，然后在N_2气氛下进行热处理得到Fe_3C/C复合材料，最后在空气中进行热处理，得到多孔α-Fe_2O_3材料，其制备流程如图3.46所示[67]。图3.47为最终产物多孔α-Fe_2O_3的TEM照片，可以看出，样品整体为片状结构并具有蠕虫状多孔结构，比表面积为71 $m^2 \cdot g^{-1}$。在该燃烧合成中，燃料（甘氨酸和葡萄糖）的用量均过量，导致燃烧反应后形成非晶络合物，N_2的热处理导致形成Fe_3C纳米颗粒均匀分散于C基底，进一步的热处理（空气气氛）将C去除并将Fe_3C氧化为Fe_2O_3，所以最终得到多孔α-Fe_2O_3材料。

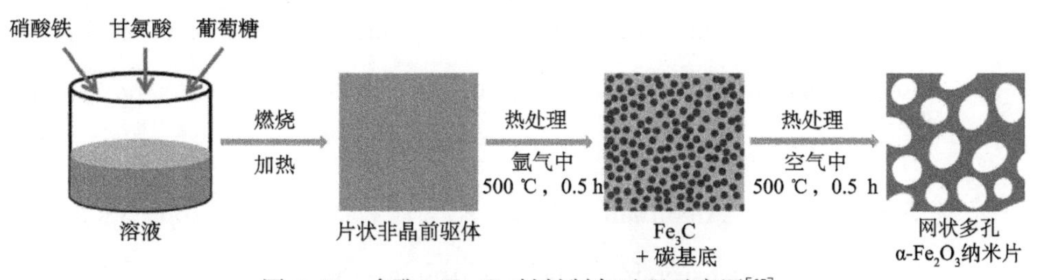

图3.46　多孔α-Fe_2O_3材料制备过程示意图[67]

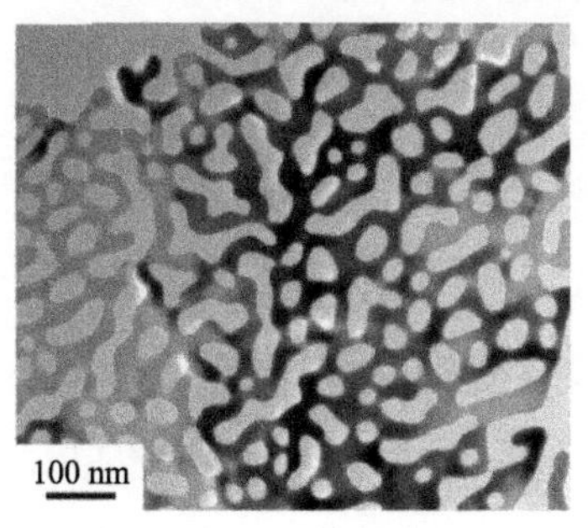

图3.47　多孔α-Fe_2O_3材料的TEM照片[67]

参考文献

[1] IUPAC. IUPAC manual of symbols and terminology. Pure and Applied Chemistry，1972，32：578.

[2] Kresge C T，Leonowicz M E，Roth W J，Vartuli J C，Beck J S. Ordered mesoporous molecular sieves synthesized by a liquid-crystal template mechanism. Nature，1992，359：710－712.

[3] 陈永．多孔材料制备与表征．合肥：中国科学技术大学出版社，2010.

[4] Israelachivili J N. Intermolecular and surface forces. London：Academic Press，1991.

[5] Petkovich N D，Stein A. Controlling macro-and mesostructures with hierarchical porosity through combined hard and soft templating. Chemical Society Reviews，2013，42：3721－3738.

[6] Wu J M，Djerdj I，Graberg T V，Smarsly B M. Mesoporous $MgTa_2O_6$ thin films with enhanced photocatalytic activity：On the interplay between crystallinity and mesostructure. Beilstein Journal of Nanotechnology，2012，3：123－133.

[7] Saravanan K，Ananthanarayanan K，Balaya P. Mesoporous TiO_2 with high packing density for superior lithium storage. Energy & Environmental Science，2010，3：939－948.

[8] Dahal N，Ibarra I A，Humphrey S M. High surface area mesoporous Co_3O_4 from a direct soft template route. Journal of Materials Chemistry，2012，22：12675－12681.

[9] Lee J，Orilall M C，Warren S C，Kamperman M，Disalvo F J，Wiesne U. Direct access to thermally stable and highly crystalline mesoporous transition-metal oxides with uniform pores. Nature Materials，2008，7：222－228.

[10] Wagner T，Haffer S，Weinberger C，Klaus D，Tiemann M. Mesoporous materials as gas sensors. Chemical Society Reviews，2013，42：4036－4053.

[11] Deng J，Zhang L，Dai H，Xia Y，Jiang H，Zhang H，He H. Ultrasound-assisted nanocasting fabrication of ordered mesoporous MnO_2 and Co_3O_4 with high surface areas and polycrystalline walls. Journal of Physical Chemistry C，2010，114：2694－2700.

[12] Crowley T A，Ziegler K J，Lyons D M，Erts D，Olin H，Morris M A，Holmes J D. Synthesis of metal and metal oxide nanowire and nanotube arrays within a mesoporous silica template. Chemistry of Materials，2003，15：3518－3522.

[13] Parmentier J，Solovyov L A，Ehrburger-Dolle F，Werckmann J，Ersen O，Bley F，Patarin J. Structural peculiarities of mesostructured carbons obtained by nanocasting ordered mesoporous templates via carbon chemical vapor or liquid phase infiltration routes. Chemistry of Materials，2006，18：6316－6323.

[14] Polarz S，Orlov A V，Schüth F，Lu A H. Preparation of high-surface-area zinc oxide with ordered porosity，different pore sizes，and nanocrystalline walls. Chemistry-A European Journal，2007，13：592－597.

[15] Jiao F，Hill A H，Harrison A，Berko A，Chadwick A V，Bruce P G. Synthesis of ordered mesoporous NiO with crystalline walls and a bimodal pore size distribution. Journal of the American Chemical Society，2008，130：5262－5266.

[16] Yue W，Zhou W. Synthesis of porous single crystals of metal oxides via a solid-liquid route. Chemistry of Materials，2007，19：2359－2363.

[17] Crossland E J W，Noel N，Sivaram V，Leijtens T，Alexander-Web-

ber J A，Snaith H J. Mesoporous TiO_2 single crystals delivering enhanced mobility and optoelectronic device performance. Nature，2013，495：215-219.

[18] Xia Y，Zhang W，Xiao Z，Huang H，Zeng H J，Chen X，Chen F，Gan Y，Tao X. Biotemplated fabrication of hierarchically porous NiO/C composite from lotus pollen grains for lithium-ion batteries. Journal of Materials Chemistry，2012，22：9209-9215.

[19] Shim H W，Lim A H，Kim J C，Jang E J，Seo S D，Lee G H，Kim T D，Kim D W. Scalable one-pot bacteria-templating synthesis route toward hierarchical，porous-Co_3O_4 superstructures for supercapacitor electrodes. Scientific Reports，2013，3：2325.

[20] Yuan C，Yang L，Hou L，Shen L，Zhang X，Lou X W. Growth of ultrathin mesoporous Co_3O_4 nanosheet arrays on Ni foam for high-performance electrochemical capacitors. Energy & Environmental Science，2012，5：7883-7887.

[21] Xiong S，Chen J S，Lou X W，Zeng H C. Mesoporous Co_3O_4 and CoO@C topotactically transformed from chrysanthemum-like $Co(CO_3)_{0.5}(OH) \cdot 0.11H_2O$ and their lithium-storage properties. Advanced Functional Materials，2012，22：861-871.

[22] Chen J S，Zhu T，Yang X H，Yang H G，Lou X W. Top-down fabrication of α-Fe_2O_3 single-crystal nanodiscs and microparticles with tunable porosity for largely improved lithium storage properties. Journal of the American Chemical Society，2010，132：13162-13164.

[23] Amutha R，Muruganandham M，Sathish M，Akilandeswari S，Suri R P S，Repo E，Sillanpää M. Crystallization-induced top-down worm-like hierarchical porous γ-Fe_2O_3 self-assembly. Journal of Physical

Chemistry C，2011，115：6367－6374.

[24] Boissiere C，Grosso D，Chaumonnot A，Nicole L，Sanchez C. Aerosol route to functional nanostructured inorganic and hybrid porous materials. Advanced Materials，2011，23：599－623.

[25] Yu Y，Yin X，Kvit A，Wang X，Evolution of hollow TiO_2 nanostructures via the Kirkendall effect driven by cation exchange with enhanced photoelectrochemical performance. Nano Letters，2014，14：2528－2535.

[26] Stein A，Wilson B E，Rudisill S G. Design and functionality of colloidal-crystal-templated materials-chemical applications of inverse opals. Chemical Society Reviews，2013，42：2763－2803.

[27] Yokoi T，Sakamoto Y，Terasaki O，Kubota Y，Okubo T，Tatsumi T. Periodic arrangement of silica nanospheres assisted by amino acids. Journal of the American Chemical Society，2006，128：13664－13665.

[28] Chanmanee W，Watcharenwong A，Chenthamarakshan C R，Kajitvichyanukul P，de Tacconi N R，Rajeshwar K. Formation and characterization of self-organized TiO_2 nanotube arrays by pulse anodization. Journal of the American Chemical Society，2008，130：965－974.

[29] Yang Y，Albu S P，Kim D，Schmuki P. Enabling the anodic growth of highly ordered V_2O_5 nanoporous/nanotubular structures. Angewandte Chemie，International Edition，2011，50：9071－9075.

[30] Kim J H，Zhu K，Yan Y F，Perkins C L，Frank A J. Microstructure and pseudocapacitive properties of electrodes constructed of oriented NiO-TiO_2 nanotube arrays. Nano Letters，2010，10：4099－4104.

[31] Lee C Y，Lee K，Schmuki P. Anodic formation of self-organized cobalt oxide nanoporous layers. Angewandte Chemie，International Edi-

tion，2013，52：2077－2081.

[32] Erlebacher J，Aziz M J，Karma A，Dimitrov N，Sieradzki K. Evolution of nanoporosity in dealloying. Nature，2001，410：450－453.

[33] Rajamathi M，Thimmaiah S，Morgan P E D，Seshadri R. Macroporous materials from crystalline single-source precursors through decomposition followed by selective leaching. Journal of Materials Chemistry，2001，11：2489－2492.

[34] Panda M，Rajamathi M，Seshadri R. A Template-Free，Combustion-chemical route to macroporous nickel monoliths displaying a hierarchy of pore sizes. Chemistry of Materials，2002，14：4762－4767.

[35] Toberer E S，Seshadri R. Template-free routes to porous inorganic materials. Chemical Communications，2006，30：3159－3165.

[36] Toberer E S，Weaver J C，Ramesha K，Seshadri R. Macroporous monoliths of functional perovskite materials through assisted metathesis. Chemistry of Materials，2004，16：2194－2200.

[37] Toberer E S，Seshadri R. Spontaneous formation of macroporous monoliths of mesaoporous manganese oxide crystals. Advanced Materials，2005，17：2244－2246.

[38] Dacquin J P，Dhainaut J，Duprez D，Royer S，Lee A F，Wilson K. An efficient route to highly organized，tunable macroporous-mesoporous alumina. Journal of the American Chemical Society，2009，131：12896－12897.

[39] Wen W，Yao J C，Jiang C C，Wu J M. Solution combustion synthesis of nanomaterials for lithium storage. International Journal of Self-Propagating High-Temperature Synthesis，2017，26：187－198.

[40] Prakash A S，Manikandan P，Ramesha K，Sathiya M，Tarascon J

M, Shukla A K. Solution-combustion synthesized nanocrystalline $Li_4Ti_5O_{12}$ as high-rate performance Li-ion battery anode. Chemistry of Materials, 2010, 22: 2857 - 2863.

[41] Voskanyan A A, Chan K Y, Li C Y V. Colloidal solution combustion synthesis: Toward mass production of a crystalline uniform mesoporous CeO_2 catalyst with tunable porosity. Chemistry of Materials, 2016, 28: 2768 - 2775.

[42] Manukyan K V, Chen Y S, Rouvimov S, Li P, Li X, Dong S, Liu X, Furdyna J K, Orlov A, Bernstein G H, Porod W, Roslyakov S, Mukasyan A S. Ultrasmall α-Fe_2O_3 superparamagnetic nanoparticles with high magnetization prepared by template-assisted combustion process. Journal of Physical Chemistry C, 2014, 118: 16264 - 16271.

[43] Voskanyan A A, Li C Y V, Chan K Y, Gao L. Combustion synthesis of Cr_2O_3 octahedra with a chromium-containing metal-organic framework as a sacrificial template. CrystEngComm, 2015, 17: 2620 - 2623.

[44] Wen W, Wu J M. Eruption combustion synthesis of NiO/Ni nanocomposites with enhanced properties for dye-absorption and lithium storage. ACS Applied Materials & Interfaces, 2011, 3: 4112 - 4119.

[45] Wen W, Wu J M, Tu J P. A novel solution combustion synthesis of cobalt oxide nanoparticles as negative-electrode materials for lithium ion batteries. Journal of Alloys and Compounds, 2012, 513: 592 - 596.

[46] Deshpande K, Mukasyan A, Varma A. Direct synthesis of iron oxide nanopowders by the combustion approach: Reaction mechanism and properties. Chemistry of Materials, 2004, 16: 4896 - 4904.

[47] Brockner W, Ehrhardt C, Gjikaj M. Thermal decomposition of nickel nitrate hexahydrate, $Ni(NO_3)_2 \cdot 6H_2O$, in comparison to $Co(NO_3)_2 \cdot$

$6H_2O$ and $Ca(NO_3)_2 \cdot 4H_2O$. Thermochimica Acta，2007，456：64 - 68.

[48] Kumar A，Wolf E E，Mukasyan A S. Solution combustion synthesis of metal nanopowders：Nickel-reaction pathways. AIChE Journal，2011，57：2207 - 2214.

[49] Srinivasan T T，Ravindranathan P，Cross L E，Roy R，Newnham R E，Sankar S G，Patil K C. Studies on high-density nickel zinc ferrite and its magnetic properties using novel hydrazine precursors. Journal of Applied Physics，1988，63：3789 - 3791.

[50] Park J W，Chae E H，Kim S H，Lee J H，Kim J W，Yoon S M，Choi J Y. Preparation of fine Ni powders from nickel hydrazine complex. Materials Chemistry and Physics，2006，97：371 - 378.

[51] Wen W，Wu J M，Cao M H. Rapid one-step synthesis and electrochemical performance of NiO/Ni with tunable macroporous architectures. Nano Energy，2013，2：1383 - 1390.

[52] Mohamed M A，Halawy S A，Ebrahim M M. Non-isothermal decomposition of nickel acetate tetrahydrate. Journal of Analytical and Applied Pyrolysis，1993，27：109 - 110.

[53] Jesus J C D，González I，Quevedo A，Puerta T. Thermal decomposition of nickel acetate tetrahydrate：An integrated study by TGA，QMS and XPS techniques. Journal of Molecular Catalysis A：Chemical，2005，228：283 - 291.

[54] Wen W，Wu J M，Wang Y D. Flash synthesis of macro-/mesoporous ZnO for gas sensors via self-sustained decomposition of a Zn-based complex. RSC Advances，2013，3：12052 - 12055.

[55] Cai X，Hu D，Deng S，Han B，Wang Y，Wu J M，Wang Y D. Isopropanol sensing properties of coral-like ZnO-CdO composites by flash

preparation via self-sustained decomposition of metal-organic complexes. Sensors and Actuators B，2014，198：402－410.

[56] Xing X X，Deng D Y，Li Y X，Chen N，Liu X，Wang Y D. Macro-/nanoporous Al-doped ZnO via self-sustained decomposition of metal-organic complexes for application in degradation of congo red. Ceramics International，2017，42：18914－18924.

[57] Xing X X，Chen T，Li Y X，Deng D Y，Xiao X C，Wang Y D. Flash synthesis of Al-doping macro-/nanoporous ZnO from self-sustained decomposition of Zn-based complex for superior gas-sensing application to n-butanol. Sensors and Actuators B-Chemical，2016，237：90－98.

[58] Deng S J，Chen N，Deng D Y，Li Y X，Xing X X，Wang Y D. Meso and macroporous coral-like Co_3O_4 for VOCs gas sensor. Ceramics International，2015，41：11004－11012.

[59] Deng S J，Xiao X C，Xing X X，Wu J M，Wen W，Wang Y D. Structure and catalytic activity of 3D macro/mesoporous Co_3O_4 for CO oxidation prepared by a facile self-sustained decomposition of metal-organic complexes. Journal of Molecular Catalysis A-Chemical，2015，398：79－85.

[60] Deng D Y，Chen N，Li Y X，Xing X X，Xiao X C，Wang Y D. Flash synthesis and CO oxidation of macro-/nano-porous Co_3O_4－CeO_2 via self-sustained decomposition of metal-organic complexes. Catalysis Letters，2015，145：1344－1350.

[61] Deng S J，Han R，Dong C J，Xiao X C，Wu J M，Wang Y D. Flash synthesis of macro-/nanoporous $ZnCo_2O_4$ via self-sustained decomposition of metal-organic complexes. Materials Letters，2014，134：138－141.

[62] Xing X X，Li Y X，Deng D Y，Chen N，Liu X，Xiao X C，Wang Y

D. Ag-Functionalized macro-/mesoporous AZO synthesized by solution combustion for VOCs gas sensing application. RSC Advances，2016，6：101304 - 101312.

[63] Wen W，Wu J M. Nanomaterials via solution combustion synthesis：A step nearer to controllability. RSC Advances，2014，4：58090 - 58100.

[64] Wen W，Wu J M，Cao M H. Facile synthesis of a mesoporous Co_3O_4 network for Li-storage via thermal decomposition of an amorphous metal complex. Nanoscale，2014，6：12476 - 12481.

[65] Mei W，Huang J，Zhu L，Ye Z，Mai Y，Tu J. Synthesis of porous rhombus-shaped Co_3O_4 nanorod arrays grown directly on a nickel substrate with high electrochemical performance. Journal of Materials Chemistry，2012，22：9315 - 9321.

[66] Wen W，Wu J M，Wang Y D. Large-size porous ZnO flakes with superior gas-sensing performance. Applied Physics Letters，2012，100：262111.

[67] Huang M，Qin M，Chen P. Facile preparation of network-like porous hematite（alpha-Fe_2O_3）nanosheets via a novel combustion-based route. Ceramics International，2016，42：10380 - 10388.

第 4 章　溶液燃烧的应用

溶液燃烧法制备的材料已广泛应用于能源与环境等诸多领域，表现出独特的性能。本章主要介绍溶液燃烧法在锂离子电池、超级电容器、光催化与光电催化、气体传感器领域的研究进展。

4.1　锂离子电池

锂金属具有低的电极电位（−3.04 V，相对于标准氢电极电位），且为最轻的金属元素（密度为 0.53 $g \cdot cm^{-3}$），非常适用于高能量密度的能量存储体系[1]。早期锂电池的负极采用金属锂，在充电过程中，枝晶锂在锂负极上沉积，可能会穿透隔膜，导致爆炸发生。锂离子电池可克服锂电池的这种严重安全隐患。锂离子电池采用可使锂离子可逆嵌入和脱出的碳材料代替纯锂金属作为负极，电解质仍为溶解了锂盐的有机溶剂[2]。20 世纪 90 年代初，日本 Sony 公司成功将锂离子电池商业化[1]。该电池以可插锂的层状氧化物 $LiCoO_2$ 作为正极，负极采用石墨，电解质为溶解了锂盐的有机溶剂。锂离子电池的组成主要包括正极、负极、隔膜和电解质。锂盐主要有 $LiPF_6$、$LiClO_4$、$LiAsF_6$ 等；溶剂主要有碳酸乙烯酯（EC）、碳酸二甲酯（DMC）、碳酸丙烯酯（PC）、氯碳酸酯（ClMC）等；隔膜为高分子聚烯烃树脂做成的微孔膜，隔离正负极，防止电池内部短路，但不会阻止离子在其中自由通过。在充放电过程中，锂离子在两个电极之间往返脱嵌，因而锂离子电池又被形象地称为“摇椅电池”[3−7]。

锂离子电池的工作原理可用图 4.1 的示意图表示。锂离子电池是一种锂离子的浓差电池，工作原理为：充电时锂离子从正极材料中脱出，经过电解质嵌入负极材料中，此时正极材料处于贫锂状态，负极材料处于富锂状态，同时电子从外电路补偿给负极，以保持电荷的平衡；放电过程则相反，锂离子从负极材料中脱出，经过电解液嵌入正极材料中[2-7]。

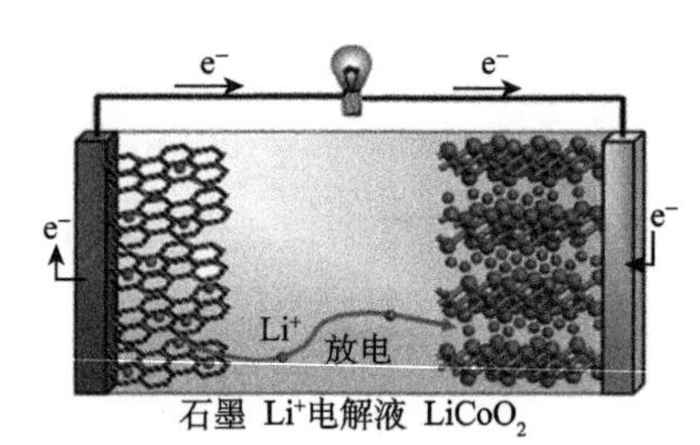

图 4.1 锂离子电池工作原理示意图[3]

与其他电池相比，锂离子电池的能量密度较高、循环寿命较长。自成功商业化的二十多年来，锂离子电池经历了快速发展，已成为便携式电子器件的主导电源，也是未来大型电站储电用电源、电动汽车和混合动力汽车电源的发展方向。面向大型储能电站和电动汽车等应用的下一代高性能锂离子电池，要求高比能量密度（包括质量比能量密度、体积比能量密度）、高功率密度、高安全性、长寿命和低成本。发展高性能的锂离子电池的主要关键在于开发高性能、低成本的电极材料。

4.1.1 负极材料

商用锂离子电池的负极材料主要为石墨，但其理论容量只有 372 $mAh \cdot g^{-1}$，且其倍率性能也较差，难以满足下一代锂离子电池对高能量密度和高功率密度的需求。目前研究的负极材料种类较多，按储锂机理可分为三类：插入型（如碳类材料、$Li_4Ti_5O_{12}$、TiO_2 等）[8-10]、合金型（主要包括 Si、Ge、Sn）[11-13]、转换反应型（主要包括过渡金属氧化物、硫化物、氟化物等）[14]。

Prakash 等以 $TiO(NO_3)_2$（通过钛酸丁酯或异丙醇钛的低温水解，然后与硝酸反应来获得）、$LiNO_3$ 和甘氨酸为反应物，在 800 ℃进行点燃，直接通过一步溶液燃烧过程获得了 $Li_4Ti_5O_{12}$ 材料[15]。该材料具有片状多孔形貌，比表面积为 12 $m^2 \cdot g^{-1}$。作为锂离子电池负极时具有优异的倍率性能和循环稳定性，在 0.5 C（1 C 代表 1 h 内完成充电或放电）、10 C、100 C 的倍率下，放电比容量分别为 175 $mAh \cdot g^{-1}$、140 $mAh \cdot g^{-1}$、70 $mAh \cdot g^{-1}$。该溶液燃烧法制备的 $Li_4Ti_5O_{12}$ 材料的性能明显优于传统高温固相法制备的样品（图 4.2），因为溶液燃烧法制备的样品具有大孔结构，有利于锂离子的传输[15]。

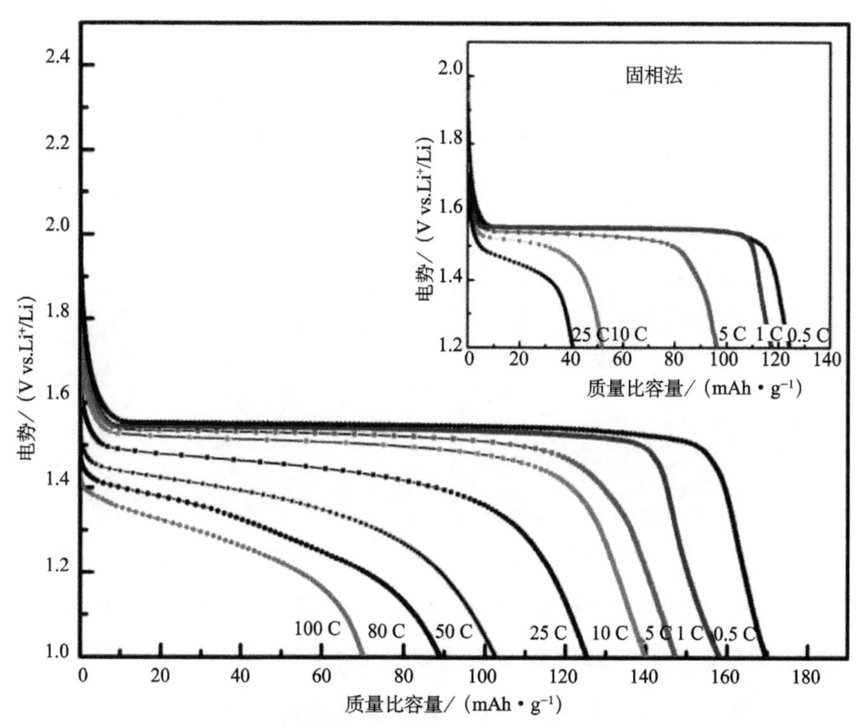

图 4.2 溶液燃烧法制备的 $Li_4Ti_5O_{12}$ 的倍率性能

插图为传统高温固相法制备的 $Li_4Ti_5O_{12}$ 的倍率性能[15]

Li 等也以 $TiO(NO_3)_2$、$LiNO_3$ 和甘氨酸为反应物，在 N_2 气氛中于 800 ℃加热 30 min，得到 $Li_4Ti_5O_{12}$ 材料；在制备过程中，在另一个坩埚中加入尿素以在加热过程中产生 NH_3，可以实现对 $Li_4Ti_5O_{12}$ 的 N 掺杂，产物形貌如图 4.3 所示[16]。N 掺杂量为 1.1wt%的 $Li_4Ti_5O_{12}$ 具有较好的电化学性能，在倍率为 1 C、2 C、8 C、15 C时的比容量分别为 159 $mAh \cdot g^{-1}$、150 $mAh \cdot g^{-1}$、128 $mAh \cdot g^{-1}$、108 $mAh \cdot g^{-1}$，在 1 C

循环 200 次后的容量保持率为 98.5%[16]。

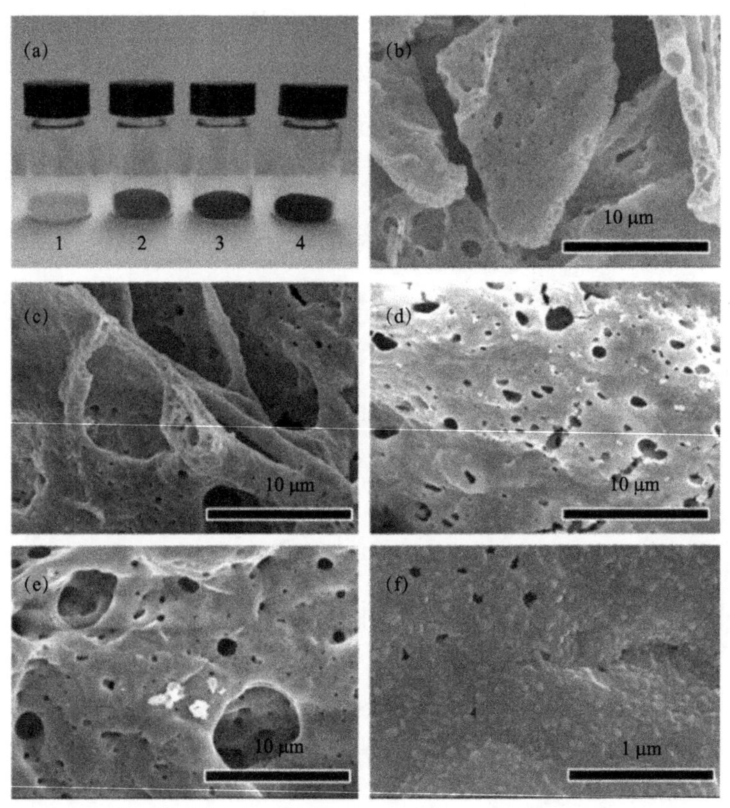

图 4.3 (a) 不同 N 掺杂量的 $Li_4Ti_5O_{12}$ 样品的光学照片，样品 1 为未掺杂的 $Li_4Ti_5O_{12}$ 样品，其 SEM 照片如图 (b) 所示；样品 2 为 N 掺杂量为 1.1wt%的 $Li_4Ti_5O_{12}$ 样品，其 SEM 照片如图 (c) 所示；样品 3 为 N 掺杂量为 1.5wt%的 $Li_4Ti_5O_{12}$ 样品，其 SEM 照片如图 (d) 所示；样品 4 为 N 掺杂量为 2.0wt%的 $Li_4Ti_5O_{12}$ 样品，其 SEM 照片如图 (e) 所示；(f) 为 (c) 的放大照片[16]

在锂离子嵌入的过程中，$Li_4Ti_5O_{12}$ 的体积几乎不发生变化，为“零应变”材料，所以其倍率性能和循环稳定性较好，且较高的充放电电压平台有利于提高锂离子电池的安全性。TiO_2 具有可与 $Li_4Ti_5O_{12}$ 相媲美的倍率性能、循环稳定性、安全性，且其理论比容量比 $Li_4Ti_5O_{12}$ 更高（335 mAh · g^{-1} vs. 175 mAh · g^{-1}）。利用溶液燃烧法，可以获得比表面积较大的 TiO_2 材料[17-21]，但关于其储锂性能的研究较少。

我们将溶液燃烧制备的钛基非晶络合物在室温中与 H_2O_2 反应，再经过热处理，制备了 TiO_2 纳米带（详见 2.2.2 节），并研究了其储锂性能[22]。在倍率为 0.5 C、1 C、2 C、5 C、10 C、20 C、30 C 时，TiO_2 纳米带的放电比容量分别为 216 mAh·g^{-1}、204 mAh·g^{-1}、186 mAh·g^{-1}、164 mAh·g^{-1}、146 mAh·g^{-1}、126 mAh·g^{-1}、116 mAh·g^{-1}，远高于 P25（商用 TiO_2 纳米粉末），如图 4.4（a）所示。此外，TiO_2 纳米带的循环性能也明显优于 P25（图 4.4（b））。TiO_2 纳米带优异的储锂性能主要与其微结构有关：多孔结构有利于电解液的传输和对电极材料的浸润；超薄的纳米带厚度（5 nm）可缩短锂离子在固态材料中扩散所需的时间，因为扩散时间与扩散距离的平方成正比（$t \approx L^2/D$）；纳米片与纳米片之间的间隙可有效缓冲 TiO_2 在充/放电过程中的体积变化（锐钛矿 TiO_2 储锂过程的体积变化约为 4%）。

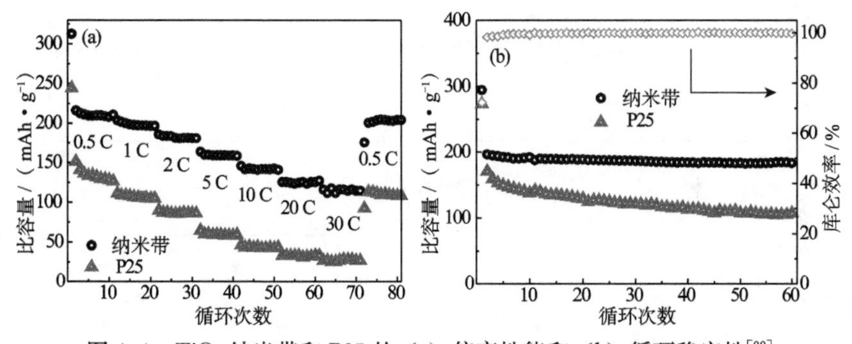

图 4.4　TiO_2 纳米带和 P25 的（a）倍率性能和（b）循环稳定性[22]

（b）图中折箭头代表此图标取右侧纵坐标轴数据，下同

此外，我们也将 TiO_2 分支纳米阵列（制备过程详见 2.2.4 节）直接作为锂电子电池负极[23]。图 4.5（a）为 TiO_2 分支纳米线阵列的恒流（0.1 mA·cm^{-2}）充放电曲线，可以看出，曲线可分为四个阶段：阶段Ⅰ（从开路电势到 1.75 V）对应于固溶体的形成；阶段Ⅱ（1.75 V 左右的平台）为两相共存期；阶段Ⅲ（1.75～1.40 V）对应于锂离子在分支的 TiO_2（B）相中的存储；阶段Ⅳ（1.40～1.0 V）为界面储锂。TiO_2 分支纳米线阵列的第一次放电面容量和第一次充电面容量分别为 321 μAh·cm^{-2} 和 253 μAh·cm^{-2}，且其面容量明显高于

TiO_2 纳米线阵列（图 4.5（b））。此外，TiO_2 分支纳米线阵列还具有较好的循环稳定性和倍率性能。如图 4.5（c）所示，在 1 mA·cm^{-2}的电流密度下，TiO_2 分

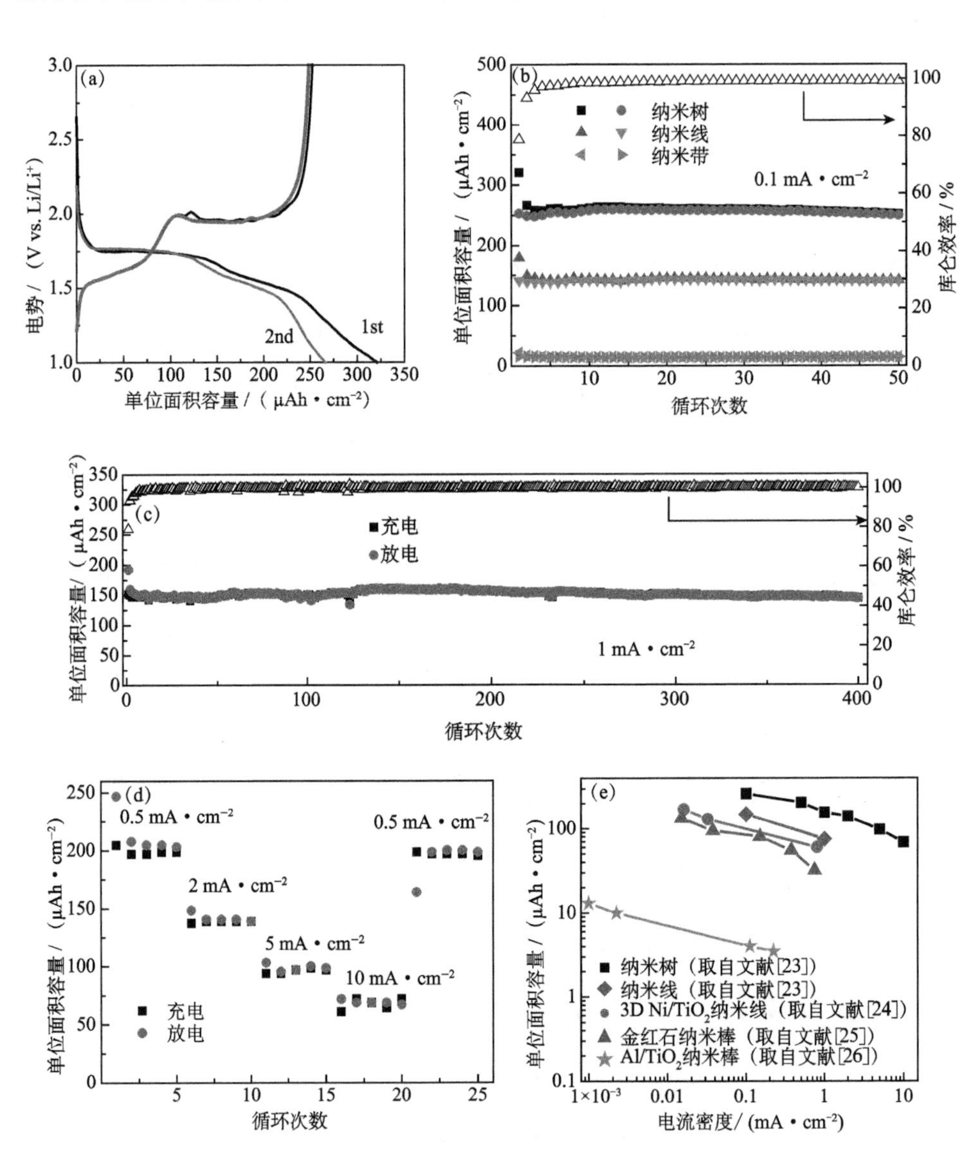

图 4.5 TiO_2 分支纳米线阵列的电化学性能[23]

(a) 恒流充放电曲线（电流密度为 0.1 mA·cm^{-2}）；(b) 电流密度为 0.1 mA·cm^{-2}时的循环稳定性；(c) 电流密度为 1 mA·cm^{-2}时的循环稳定性；(d) 倍率性能；(e) 倍率性能与其他 TiO_2 纳米线阵列对比

支纳米线阵列循环400次没有出现明显的容量下降。在电流密度分别为0.5 mA·cm^{-2}、2.0 mA·cm^{-2}、5.0 mA·cm^{-2}、10.0 mA·cm^{-2}时，TiO_2 分支纳米线阵列的面容量分别为205 μAh·cm^{-2}、141 μAh·cm^{-2}、97 μAh·cm^{-2}、69 μAh·cm^{-2}（图4.5（d）)，该倍率性能高于目前报道的其他 TiO_2纳米线阵列（图4.5（e））[23−26]。

与插入型（$Li_4Ti_5O_{12}$、TiO_2 等）负极相比，合金型或转换反应型负极具有更高的比容量。虽然目前溶液燃烧已经实现 Ag、Ni、Co、Cu、Bi 等金属单质的合成，但利用溶液燃烧制备合金型负极材料，如 Sn、Si、Ge 等仍较困难，因为硝酸盐的分解产物为对应的氧化物，而这些元素的氧化物难以被还原为金属单质。Saito 等以 MgO 为模板，在燃料过量的条件下，利用溶液燃烧法结合后续热处理（N_2 气氛）制备了 Sn/C 复合材料，形貌如图4.6（a）所示[27]。燃烧反应形成的 SnO_2 在后续的惰性气氛热处理中被 C 还原为金属单质 Sn，MgO 模板则起着提高产物孔隙的作用。该 Sn/C 复合材料作为锂离子电池负极时，在0.5 A·g^{-1}的电流密度下循环100次后的容量为588 mAh·g^{-1}，其倍率性能如图4.6（b）所示。

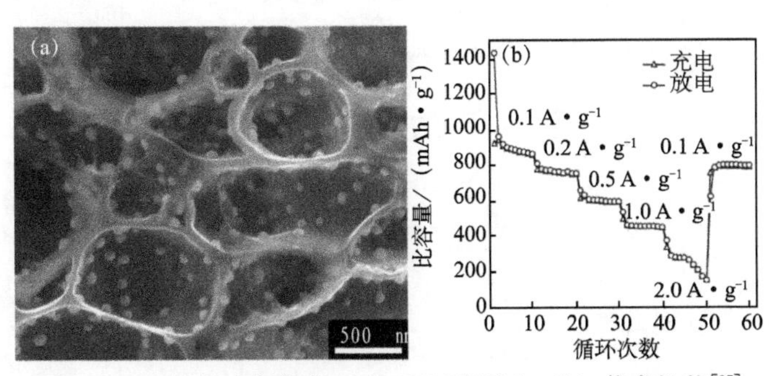

图4.6　Sn/C复合材料的（a）SEM照片和（b）倍率性能[27]

与合金型负极材料相比，溶液燃烧制备的转换反应型的负极材料较多，因为溶液燃烧法容易实现金属氧化物的制备。我们研究了喷发燃烧法制备的 NiO/Ni 多孔材料的储锂性能（制备过程详见3.4节），其第二次充电比容量为743 mAh·g^{-1}，在20个充/放电循环内没有出现明显的容量下降[28]。我们还对比了燃烧法制备的3D大孔 NiO/Ni、2D大孔 NiO/Ni 和3D致密 NiO/Ni 的储锂性能，发现其性能优劣顺序为3D大孔NiO/Ni>2D大孔NiO/Ni>3D致密NiO/Ni，如图4.7（a）所示[29]。3D大孔NiO/Ni和2D大孔NiO/Ni的性能比3D致密NiO/Ni优异的原因是多孔结构有利于电解质的传输和对电极的浸润，且多孔结构可以缓冲材料循环过程中的体积变化；而3D大孔NiO/Ni的性能比2D大孔NiO/Ni优异的主要原因是3D结构的整体电导率更高，2D薄片与薄片之间的接触电阻较大。此外，我们还研究了非晶络合物分解法制备的介孔Co_3O_4材料（制备过程详见3.6节）的储锂性能[30]。从图4.7（b）可以看出，介孔Co_3O_4在100 mA·g^{-1}的电流密度下第二次放电比容量为1111.3 mAh·g^{-1}。Cao等以硝酸铬和甘氨酸为原料，利用溶液燃烧法制备了介孔Cr_2O_3，颗粒尺寸为20 nm，比表面积为162 m^2·g^{-1}[31]。该材料作为锂离子电池负极时，循环55次后的容量为480 mAh·g^{-1}，其倍率性能如图4.8所示[31]。

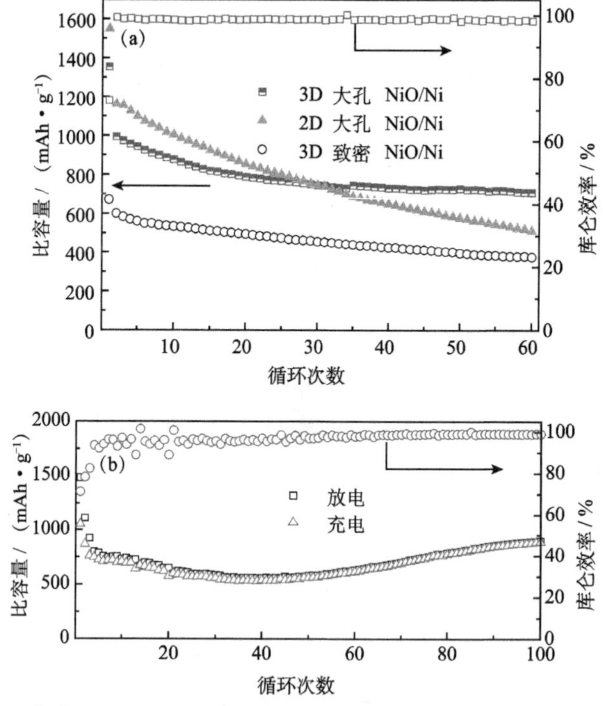

图4.7 (a) 3D大孔NiO/Ni、2D大孔NiO/Ni和3D致密NiO/Ni的储锂性能对比[29]，(b) 介孔Co_3O_4的储锂性能[30]

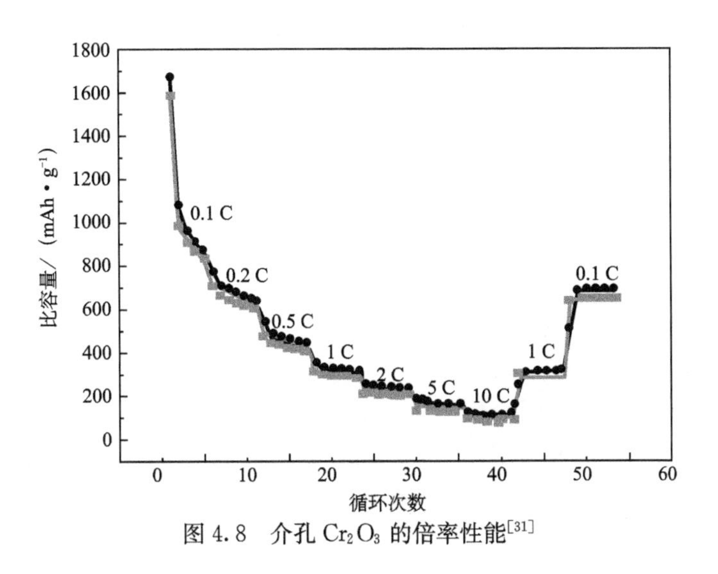

图 4.8　介孔 Cr_2O_3 的倍率性能[31]

溶液燃烧法具有常见液相法的优势，原料可达到分子水平的均匀混合，此外，还可精确控制阳离子比例。因此，溶液燃烧法较适合于制备复杂氧化物（含多种金属元素）。例如，Adams 等利用溶液燃烧法制备了 $ZnCo_2O_4$（制备过程如图 4.9 所示），该材料在 0.1 C 和 1 C 倍率下的比容量分别为 1000 mAh·g^{-1} 和 950 mAh·g^{-1}[32]。该研究还发现使用混合燃料（柠檬酸和甘氨酸）、添加硝酸铵、采用适当的燃料/氧化剂比例，有利于提高 $ZnCo_2O_4$ 的电化学性能[32]。此外，将不同的氧化物组合成复合材料，可以发挥各自的优势，形成一定的“协同效应”[33-36]。溶液燃烧法可方便地实现复合材料的制备。例如，Hong 等利用溶液燃烧法结合沉淀法及随后的热处理，制备了 $Li_4Ti_5O_{12}/Co_3O_4$[37]。从 SEM 照片（图 4.10（a））可以看出，Co_3O_4 颗粒附着在 $Li_4Ti_5O_{12}$ 的表面，有利于防止

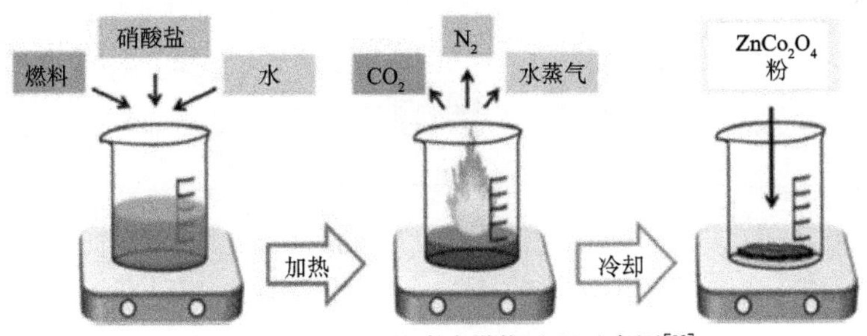

图 4.9　$ZnCo_2O_4$ 的溶液燃烧过程示意图[32]

Co_3O_4颗粒的团聚。从图 4.10（b）可以看出，$Li_4Ti_5O_{12}/Co_3O_4$ 的储锂性能优于单独的 $Li_4Ti_5O_{12}$和单独的 Co_3O_4。

图 4.10 (a) $Li_4Ti_5O_{12}/Co_3O_4$复合材料的 SEM 照片，(b) $Li_4Ti_5O_{12}/Co_3O_4$、$Li_4Ti_5O_{12}$和 Co_3O_4的循环稳定性（电流密度为 160 mA·g^{-1}）[37]

虽然金属氧化物的理论容量较高，但存在导电性差、充/放电过程急剧的体积膨胀/收缩导致极化现象严重等问题。将金属氧化物与碳材料复合（如碳包覆、与石墨烯复合、与碳纳米管复合、与介孔碳复合）是解决该问题的有效方法。通过适当的改性，溶液燃烧法也可以实现“金属氧化物/石墨烯”等复合材料的制备。例如，Rai 等将石墨加入溶液燃烧的反应溶液中，利用溶液燃烧法结合后续的 N_2 中 500 ℃热处理 5 h 制备了 Co_3O_4/CoO/石墨烯复合材料，制备过程如图 4.11所示[38]。经过 30 个充放电循环后，Co_3O_4/CoO/石墨烯仍具有 801 mAh·g^{-1}的比容量，而单独的 Co_3O_4 在 30 个充放电循环后的比容量仅为 524 mAh·g^{-1}[38]。此外，利用溶液燃烧结合后续的惰性气氛热处理，可获得 MnO 镶嵌在 C 基底中的复合材料，该材料也具有较好的储锂性能[39]。

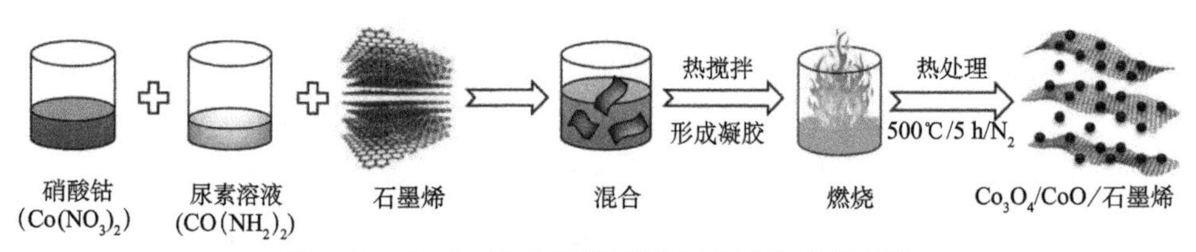

图 4.11 Co_3O_4/CoO/石墨烯的制备过程示意图[38]

4.1.2 正极材料

可作为锂离子电池正极的材料主要有层状氧化物型（如 $LiCoO_2$、$LiNiO_2$、$LiCo_{1-x-y}Ni_xMn_yO_2$）、尖晶石型（如 $LiMn_2O_4$、$LiMn_{1.5}Ni_{0.5}O_4$）和橄榄石型（如 $LiFePO_4$）等锂离子插入型材料[40,41]。溶液燃烧法可方便地实现多元金属氧化物的快捷制备，且容易精确控制金属阳离子的比例，所以溶液燃烧法较适合于锂离子电池正极材料的制备。与负极材料相比，制备此类更复杂的材料，在溶液燃烧后通常还需要一步热处理过程，与其他制备方法相比，通常溶液燃烧后的热处理温度更低、热处理时间更短，所以利用溶液燃烧法更容易获得晶粒尺寸细小的正极材料。例如，Barpanda 等以 $Fe(NO_3)_3$ 为铁源，利用溶液燃烧法结合后续600 ℃快速热处理 1 min 制备了 $Li_2FeP_2O_7$ 纳米颗粒（70～90 nm）[42]。溶液燃烧法制备的 $Li_2FeP_2O_7$ 的比表面积比传统高温固相法制备的 $Li_2FeP_2O_7$ 高 17 倍，如图 4.12（a）所示。该材料在 0.5 C 倍率下的容量为 100 mAh · g^{-1} 左右（图 4.12（b））。此外，$LiNi_{1/3}Mn_{1/3}Co_{1/3}O_2$、$Li_{1.231}Mn_{0.615}Ni_{0.154}O_2$、$LiFePO_4$ 和 $Li_3V_2(PO_4)_3$ 等锂离子电池正极材料均可通过溶液燃烧法成功制备[43−45]。

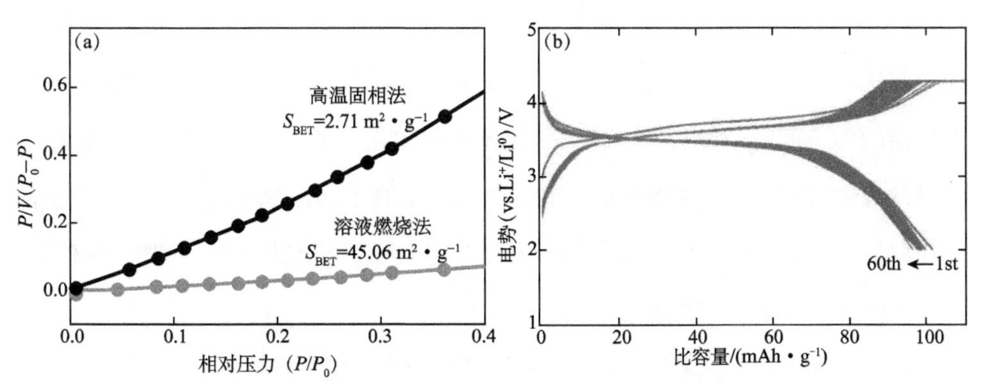

图 4.12 (a) 溶液燃烧法制备的 $Li_2FeP_2O_7$ 和高温固相法制备的 $Li_2FeP_2O_7$ 的比表面积对比，(b) 溶液燃烧法制备的 $Li_2FeP_2O_7$ 的充放电曲线[42]

采用类似于制备负极材料的方法，也可对正极材料的微结构进行一定程度上的控制。例如，采用 3.5 节中的“自维持燃烧分解法”，可获得大孔正极材料。以

Li_xNiO_2正极材料的制备为例，将 0.173 g 的 $LiNO_3$、0.256 g 的 $CH_3COOLi \cdot 2H_2O$、0.625 g 的 $Ni(NO_3)_2 \cdot 6H_2O$、0.625 g 的 $Ni(CH_3COO)_2 \cdot 4H_2O$、0.630 g 的水合肼溶液（85wt%）和 0.060 g 的甘氨酸加入 15 mL 去离子水中，搅拌均匀后在400 ℃点燃，最后在空气气氛中于 700 ℃热处理 6 h。从所得样品的 SEM 照片（图 4.13（a））可以看出该样品具有大孔结构，经 XRD 分析（图 4.13（b））可知，该样品的物相为 $Li_{0.68}Ni_{1.32}O_2$（JCPDS Card No. 088-1606）[46]。其中较低的 Li/Ni 比是因为热处理过程中 Li 元素的挥发。

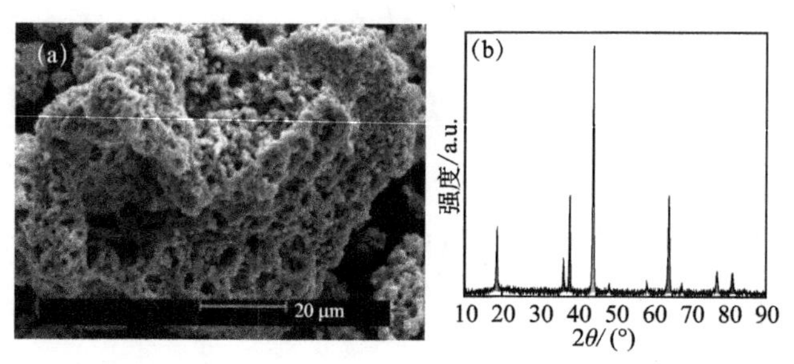

图 4.13 大孔 $Li_{0.68}Ni_{1.32}O_2$ 的（a）SEM 照片和（b）XRD 图谱[46]

4.2 超级电容器

与传统电容器相比，超级电容器的能量密度更高；与锂离子电池相比，超级电容器的功率密度更高（但能量密度比锂离子电池低）。超级电容器按工作机理可以分为两大类：双层电容和赝电容。与双层电容不同，赝电容主要通过表面氧化还原反应进行电荷存储，因而具有更高的比电容，可作为赝电容的主要材料有金属氧化物、氢氧化物和硫化物等[47−49]。

Chaturved 等以尿素为燃料，利用溶液燃烧法制备了 Li_2MnSiO_4，并研究其作为超级电容器电极的性能[50]。Li_2MnSiO_4 材料的形貌如图 4.14 所示，可以看出，该材料具有介孔结构（介孔尺寸小于 20 nm），比表面积为 35 $m^2 \cdot g^{-1}$；其 CV 曲线和倍率性能如图 4.15 所示，在扫速为 3 $mV \cdot s^{-1}$时的比电容为 175 $F \cdot g^{-1}$[50]。此外，溶液燃烧法制备的 Co_3O_4、ZnO 和 Fe_2O_3 等金属氧化物也具有较高的比电容[51−53]。

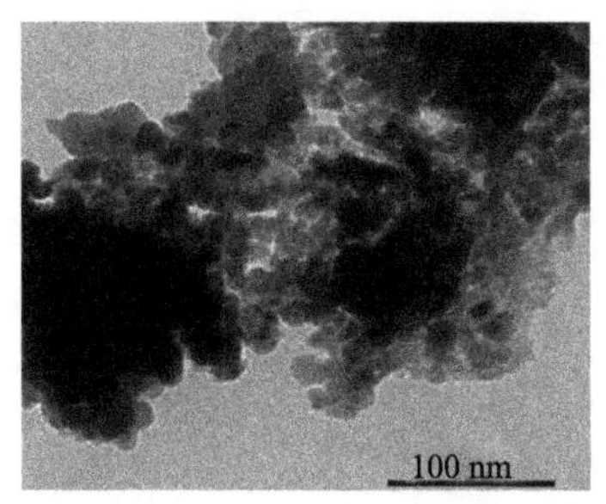

图 4.14　Li_2MnSiO_4 材料的 TEM 照片[50]

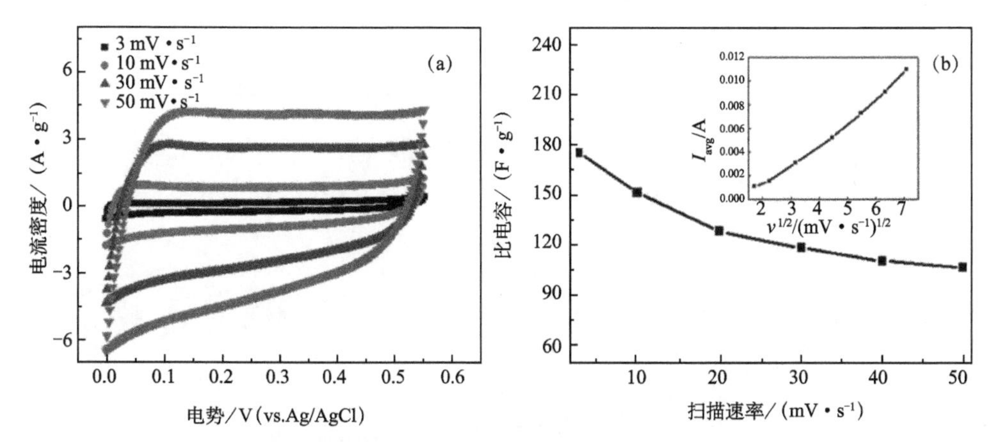

图 4.15　Li_2MnSiO_4 材料的电化学性能（电解质为浓度为 2 M 的 NaOH 水溶液）

(a) 不同扫速下的 CV 曲线；(b) 倍率性能[50]

Srikesh 等采用溶液燃烧结合后续热处理（600 ℃热处理 3 h）制备了 NiO 纳米颗粒，并研究了不同的燃料种类（甘氨酸、葡萄糖、尿素）对最终产物的电化学性能的影响[54]。图 4.16 为三种不同燃料制备的 NiO 材料的 CV 曲线，不同燃料制备的 NiO 的比电容大小顺序为：葡萄糖＞甘氨酸＞尿素[54]。

金属氧化物复合电极材料也可以通过溶液燃烧法制备。例如，Zhang 等通过一步溶液燃烧过程（300 ℃保温 2 h）制备了 $MnO_2/MnCo_2O_4$ 复合材料，并研究了甘氨酸（燃料）的用量及 Mn/Co 摩尔比对产物的相结构、形貌和电化学性能的影响[55]。优化后的复合材料在电流密度为 0.5 $A \cdot g^{-1}$时的比电容为 497 $F \cdot g^{-1}$，其在 5 $A \cdot g^{-1}$的电流密度下的稳定性如图 4.17 所示[55]。

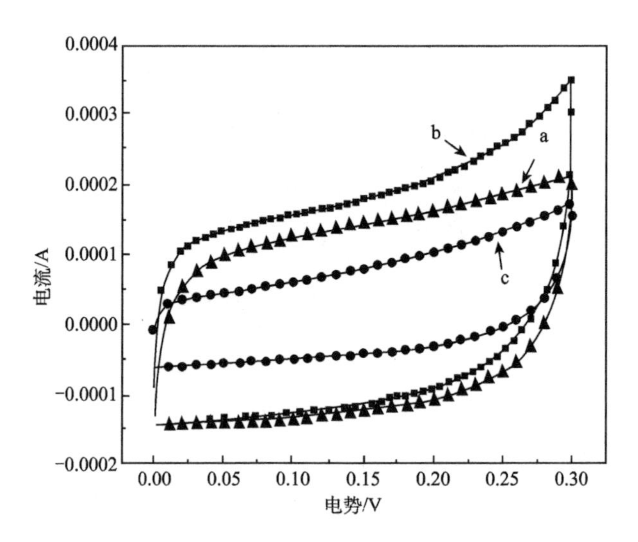

图 4.16 不同燃料制备 NiO 的 CV 曲线（电解质为 1 M KOH 溶液）

a. 甘氨酸；b. 葡萄糖；c. 尿素[54]

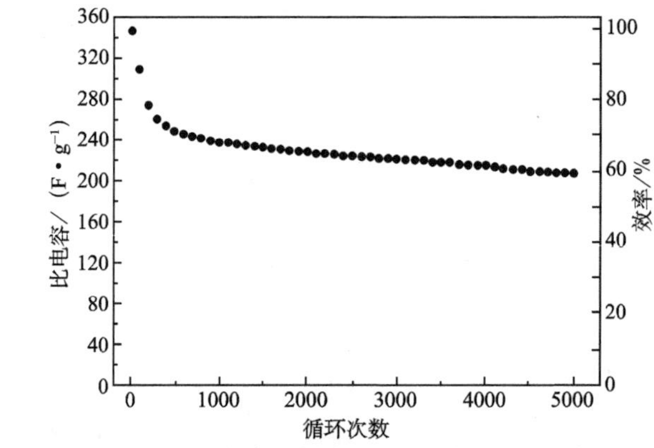

图 4.17 $MnO_2/MnCo_2O_4$ 复合材料在 5 A·g^{-1}的电流密度下的循环性能[55]

与锂离子电池类似，金属氧化物作为超级电容器的电极材料同样存在导电性差的问题。将金属氧化物与碳材料（如石墨烯、碳纳米管、介孔碳）复合可有效提高电极的导电性。Tao 等以柠檬酸为燃料，利用溶液燃烧过程（250 ℃加热 30 min）制备了非晶 NiO/C 复合材料[56]。该材料具有优异的电化学性能，在 1.43 mg·cm^{-2}的担载量下，电流密度为 1 A·g^{-1}时的比电容高达 1272 F·g^{-1}，在电流密度为 10 A·g^{-1}时，比电容保持在较高的数值（642.5 F·g^{-1}）；当担载量增加至 9.38 mg·cm^{-2}后，仍具有 588.5 F·g^{-1}的比电容[56]。

4.3 光催化与光电催化

当半导体受到能量大于其禁带宽度的光子辐照时，价带上的电子跃迁到导带上，形成光生电子，价带上留下相应的空穴。光生电子/空穴有效分离后可用于能源（光催化分解水）和环境（光催化污水处理、空气净化等）等领域。由于具有成本低、活性高和稳定性好的优势，TiO_2 是目前研究最广泛的光催化剂。但 TiO_2 的禁带宽度较大（3.2 eV），导致其对太阳光的利用率较低（只能吸收太阳光中的紫外光部分）。减小材料颗粒尺寸和提高比表面积可分别缩短光生载流子迁移到表面的所需距离和增加光催化反应位点。此外，通过对光催化剂进行掺杂（金属掺杂或非金属掺杂）可减小其禁带宽度，提高对太阳光的吸收率。

利用溶液燃烧法可以制备高比表面积的 TiO_2 纳米粉末，且容易实现金属和非金属掺杂[17−21]。例如，Sivalingam 等以硝酸氧钛为钛源和氧化剂，甘氨酸为燃料，采用溶液燃烧法制备了 TiO_2 纳米颗粒，颗粒尺寸为 8～10 nm，比表面积为 156 $m^2 \cdot g^{-1}$，在降解亚甲基蓝时具有比商用 P25 更高的光催化活性（图 4.18）[18]。Nagaveni 等进一步利用溶液燃烧制备了金属掺杂的 $Ti_{1-x}M_xO_2$

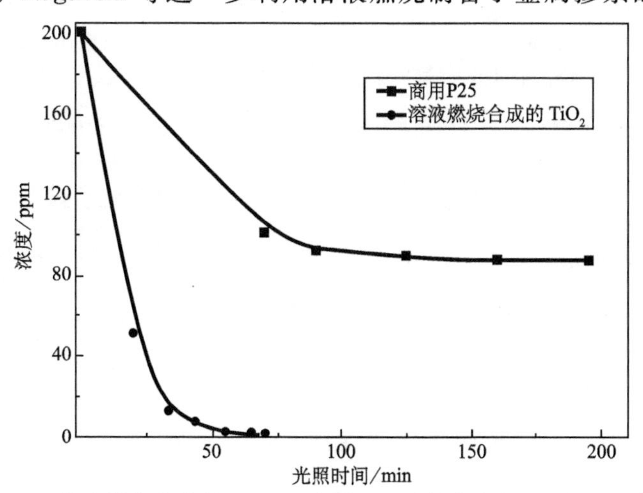

图 4.18　溶液燃烧合成的 TiO_2 和商用 P25 光催化降解亚甲基蓝的性能

亚甲基蓝的初始浓度为 200 ppm，催化剂用量为 1 $kg \cdot m^{-3}$[18]

(M=W，V，Ce，Zr，Fe，Cu)，对 TiO_2 进行金属掺杂后，对可见光的吸收率和光催化降解效率明显提高，分别如图 4.19 和图 4.20 所示[57]。

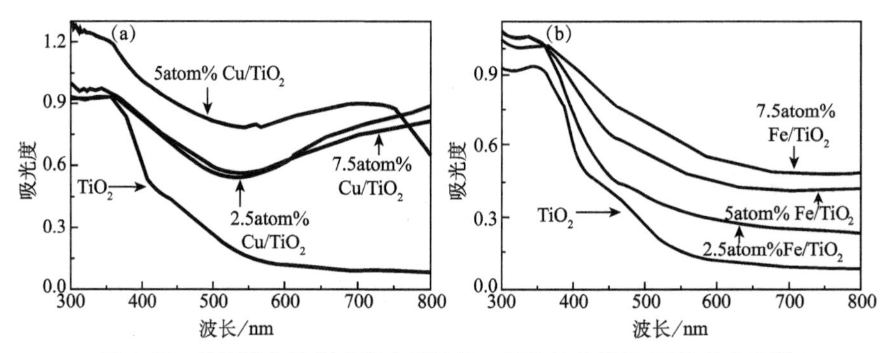

图 4.19 溶液燃烧法制备的金属掺杂二氧化钛的紫外-可见吸收光谱

(a) Cu 掺杂；(b) Fe 掺杂[57]。atom%代表原子百分

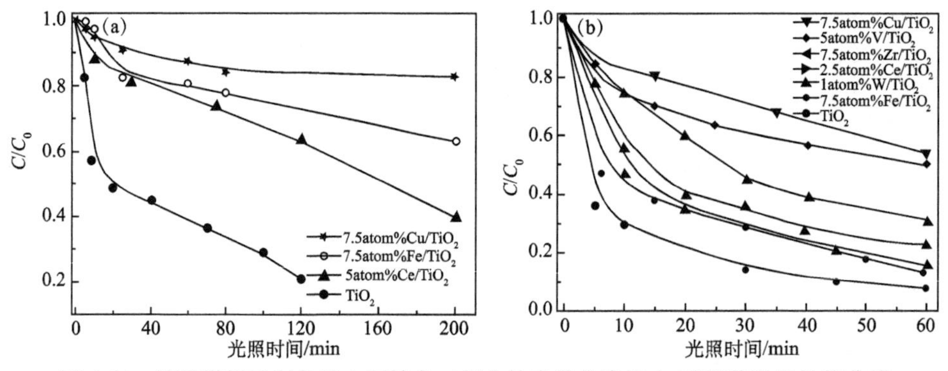

图 4.20 溶液燃烧法制备的金属掺杂二氧化钛光催化降解 4-硝基苯酚的性能曲线

(a) 太阳光辐照；(b) 紫外光辐照。4-硝基苯酚的初始浓度为 0.5 mM，催化剂用量为 1 $kg \cdot m^{-3}$[57]

通过选择适当的燃料，可实现对金属氧化物的非金属元素掺杂。例如，以尿素为燃料，可以制备出 N 掺杂 TiO_2[17]和 N 掺杂 ZnO[58]。Morales 等分别以甘氨酸、尿素、硫脲为燃料，采用溶液燃烧法分别制备了 N/C 共掺 WO_3（标记为 WO_3-G)、N 掺 WO_3（标记为 WO_3-U)、N/S 共掺 WO_3（标记为 WO_3-T)[59]。如图 4.21 所示，溶液燃烧法制备的非金属元素掺杂 WO_3 对亚甲基蓝的吸附能力远高于商品 WO_3（标记为 WO_3-B）和商品 P25。以尿素为氮源、钨酸钠为钨源，采用溶液燃烧法可实现 TiO_2 的金属元素 W 和非金属元素 N 的共掺杂[60]。

$BiVO_4$、Bi_2WO_6、Bi_2MoO_6 和 $CuBi_2O_4$ 等多元金属光催化剂可较方便地通过溶液燃烧法成功制备[61-64]。

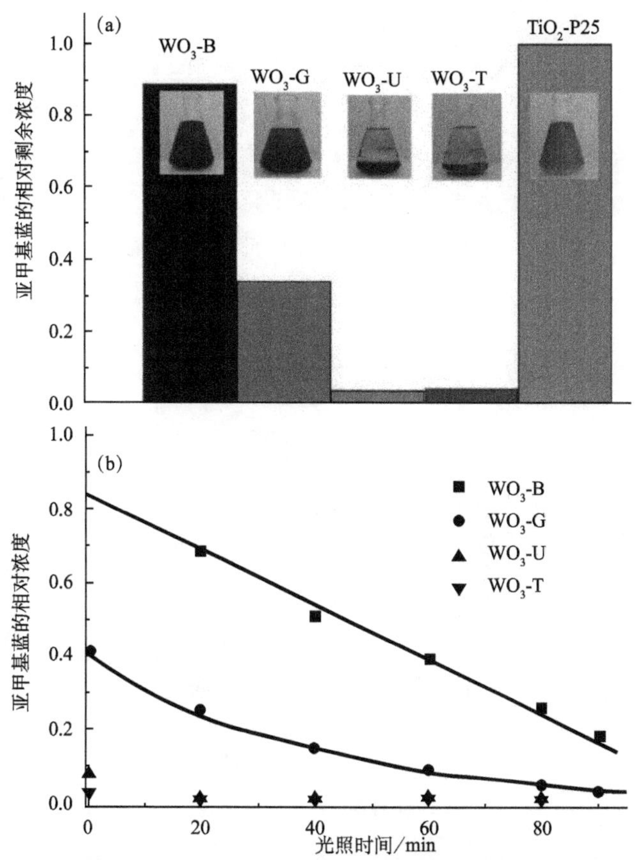

图 4.21 (a) 不同的 WO_3 样品和 P25 对亚甲基蓝（粉末样品用量为 2 g・L^{-1}）的吸附性能，(b) 光催化性能[59]

我们结合溶液燃烧反应、室温 H_2O_2 反应及液相沉积过程（制备过程类似于 2.2.4 节），成功制备出 Ni 掺杂 TiO_2 超薄纳米带阵列[65]。图 4.22 为 Ni 掺杂与未掺杂的 TiO_2 超薄纳米带阵列的 SEM 照片。对比图 4.22 (a) 和 (b) 可以看出，掺杂前后产物形貌没有发生明显变化，且薄膜厚度（即纳米带的长度）均为 900 nm 左右，说明 Ni 掺杂对产物的形貌没有明显的影响。为进一步分析 Ni 掺杂对纳米带相结构的影响，采用 Raman 光谱进行表征，结果如图 4.23 所示。两个样品的拉曼峰位均为 146 cm^{-1}，198 cm^{-1}，398 cm^{-1}，516 cm^{-1}和 640 cm^{-1}，说明两个样品的物相均为锐钛矿相 TiO_2。

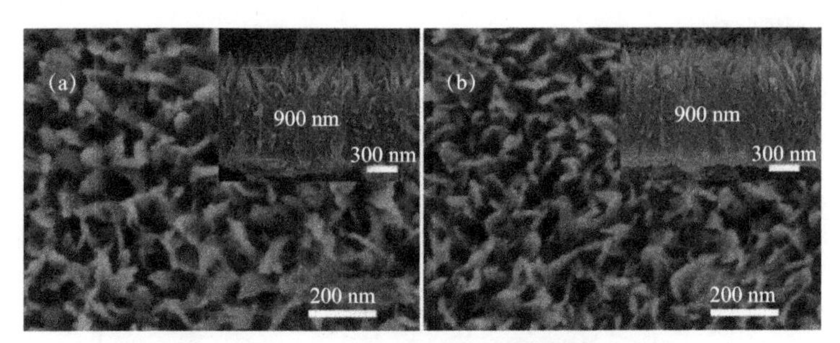

图 4.22 TiO_2 超薄纳米带阵列的 SEM 照片

(a) 未掺杂；(b) Ni 掺杂，插图为相应的截面 SEM 照片[65]

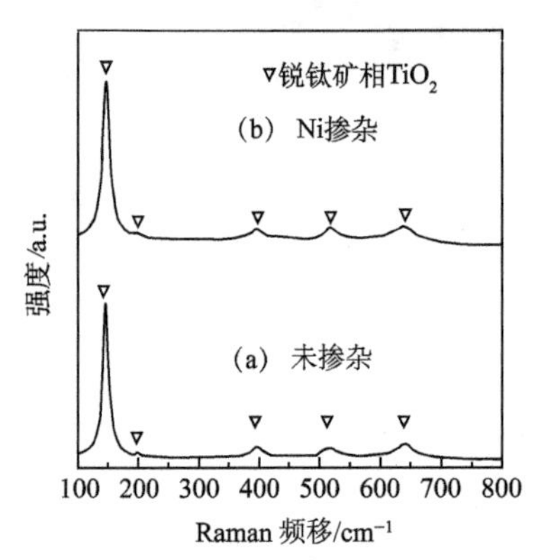

图 4.23 TiO_2 超薄纳米带阵列的拉曼光谱

(a) 未掺杂；(b) Ni 掺杂[65]

图 4.24 (a) 为 Ni 掺杂 TiO_2 超薄纳米带的 TEM 照片，纳米带的宽度约为 50 nm，厚度为 2～4 nm。从 HRTEM 照片（图 4.24 (b)）可以看出，纳米带由细小的晶粒组成（多晶结构）。间距为 0.35 nm 的晶面对应于锐钛矿相 TiO_2 的 (101) 面。选区电子衍射结果（图 4.24 (b) 中的插图）进一步证实了纳米带为多晶结构。图 4.24 (c)～(f) 为 Ni 掺杂 TiO_2 超薄纳米带的能谱面分布，可以看出，Ti 和 O 元素均匀分布于样品中，且少量 Ni 元素也存在于纳米带中。经 XPS 表征可知样品的 Ni/ Ti 的原子比为 0.02 [65]。

图 4.25 为 Ni 掺杂 TiO_2 超薄纳米带、TiO_2 超薄纳米带、水热法制备的 TiO_2 纳米带、商用 P25 粉末涂覆成的薄膜以及空白对照组（即无催化剂存在的

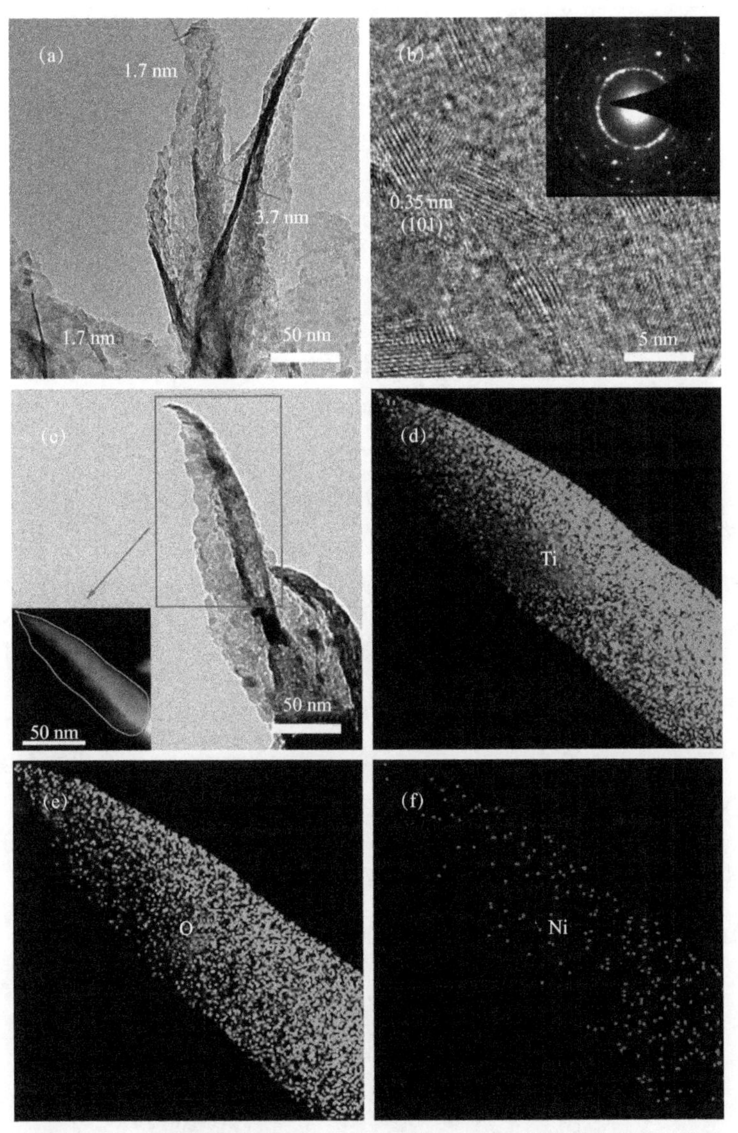

图 4.24 Ni 掺杂 TiO_2 超薄纳米带的 (a) TEM 照片，(b) HRTEM 照片，(c)～(f) TEM 照片及 EDX 元素面分布[65]

条件下）的光催化降解罗丹明 B 的曲线。图中 C_0 为罗丹明 B 的初始浓度，C 为光催化反应一定时间后的罗丹明 B 浓度。可以看出，光催化剂的活性顺序为：Ni 掺杂 TiO_2 超薄纳米带＞TiO_2 超薄纳米带＞水热法制备的 TiO_2 纳米带＞P25 薄膜，因为超薄纳米带具有更高的比表面积。与无掺杂的 TiO_2 纳米带相比，Ni 掺

杂可提高 TiO_2 对可见光的吸收，且提高了光生载流子的分离效率，所以光催化降解罗丹明 B 的性能得到了提高[65]。

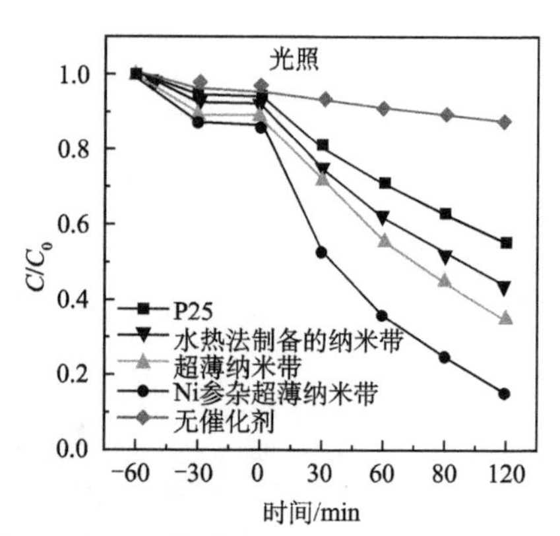

图 4.25　光照下，在 Ni 掺杂 TiO_2 超薄纳米带、TiO_2 超薄纳米带、水热法制备的 TiO_2 纳米带、商用 P25 粉末涂覆成的薄膜催化剂存在及无催化剂存在时的罗丹明 B 光催化降解曲线[65]

此外，许多研究人员也将溶液燃烧合成的材料应用于光电化学分解水（photoelectrochemical water splitting）领域。例如，Kelkar 等采用溶液燃烧法制备了立方晶系（cubic）和正交晶系（orthorhombic）的 Cd_2SnO_4 纳米颗粒[66]。如图 4.26所示，Cd_2SnO_4 的颗粒尺寸为 10～15 nm；将 Cd_2SnO_4 粉末涂成薄膜并测试其光电分解水性能，结果如图 4.27 所示，其中立方相 Cd_2SnO_4 在 0.6 V (vs. Ag/AgCl) 的光电流为 0.25 $mA \cdot cm^{-2}$[66]。

图 4.26　溶液燃烧合成的（a）立方晶系 Cd_2SnO_4 和（b）正交晶系 Cd_2SnO_4 的 TEM 照片[66]，插图为选区电子衍射图案

利用我们在 2.2.4 节中发展的三维纳米阵列制备方法，可以制备出 TiO_2 核/壳分支纳米棒阵列，其形貌如图 4.28 所示，整体具有类似于苦瓜的结构，中心的

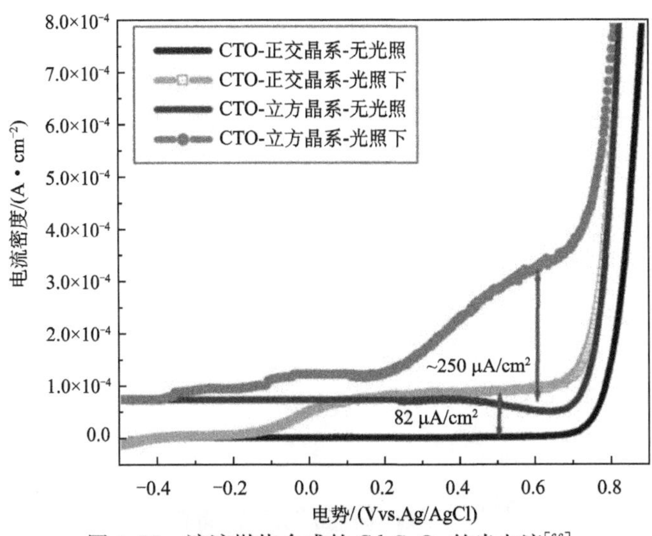

图 4.27　溶液燃烧合成的 Cd_2SnO_4 的光电流[66]

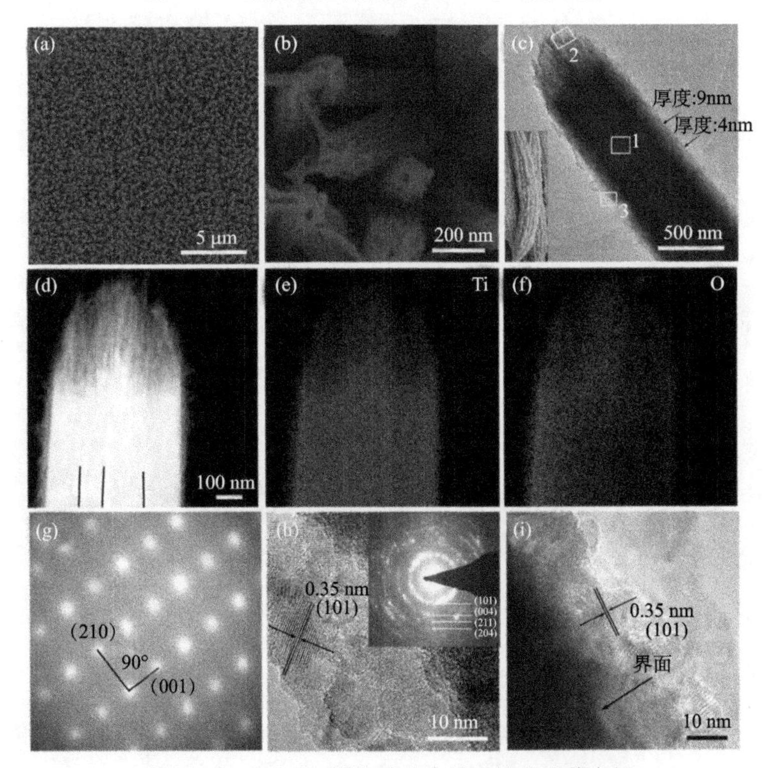

图 4.28　金红石/锐钛矿分支纳米棒的形貌表征

(a) 低倍 SEM 照片；(b) 高倍 SEM 照片；(c) TEM 照片（插图为苦瓜的光学照片）；(d)～(f) STEM 照片及元素面分布；(g) 图 (c) 中区域 1 的 SAED 图案；(h) 图 (c) 中区域 2 的 HRTEM 照片；(i) 图 (c) 中区域 3 的 HRTEM 照片[67]

纳米棒为金红石单晶 TiO_2，外层的薄片为锐钛矿 TiO_2；将阵列用于光电化学分解水时，金红石/锐钛矿分支纳米棒 TiO_2 阵列的光电流明显高于金红石纳米棒 TiO_2 阵列（图 4.29）[67]。

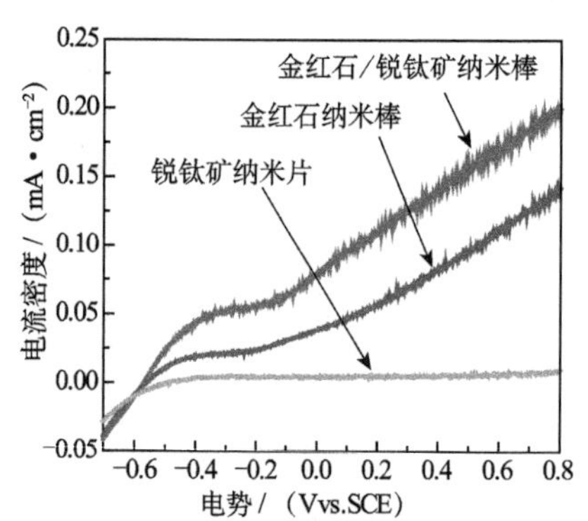

图 4.29 金红石/锐钛矿分支纳米棒阵列、金红石纳米棒阵列和锐钛矿纳米片阵列的光电流对比[67]

4.4 气体传感器

气体传感器可用于有毒和易燃气体的检测、汽车尾气排放监测、酒驾检测和医疗诊断等领域[68,69]。气体传感器的使用需要满足以下主要条件[70]：

（1）能够检测特定气体及其浓度；

（2）检测环境背景物质所产生的干扰小，即信噪比高；

（3）能够长期稳定地工作，即稳定性好；

（4）响应速度快；

（5）价格低廉，安装、使用和维护方便。

根据检测原理，气体传感器可分为电容型气体传感器、电阻型气体传感器和光学气体传感器等[68,71]。其中，电阻型气体传感器具有灵敏度高、结构简单、容易制造、成本低廉、容易做成便携式器件和可抵抗恶劣环境等优点[68]，能够满足高性能气体传感器的要求。相比之下，其他气体检测方法较复杂，例如，质谱、色谱和红外等设备价格昂贵，对操作要求高，难以做成便携式器件。

通常以半导体作为气体传感器材料，按半导体的类型可分为 n 型半导体和 p 型半导体。半导体气体传感器的工作原理是基于半导体材料在不同气体环境中的电阻变化，以输出相应的电信号。当 n 型半导体接触还原性气体时，其电导率增加；接触氧化性气体时，其电导率减小。p 型半导体电导率变化的规律则与 n 型半导体相反。到目前为止，常用于气体传感器的金属氧化物主要有 SnO_2、ZnO、WO_3、In_2O_3、TiO_2、Fe_2O_3、CuO 等过渡金属氧化物[72-74]。

以 SnO_2 为例，目前广为接受的金属氧化物的气敏机理为[69,75]：氧气物理吸附于 SnO_2 表面，电子从 SnO_2 转移到氧气，使氧元素以离子化吸附形式存在，包括分子型（O_2^-）和原子型（O^-，O^{2-}）的离子。同时，SnO_2 表面吸附的离子对 SnO_2 近表层的电子具有散射作用，降低电导率，在 SnO_2 表面形成厚度为德拜（Debye）长度 δ 的耗尽层。当还原性气体（如乙醇、丙酮、CO、H_2 等）与 SnO_2 接触时，表面氧离子的浓度降低，电子释放回 SnO_2 中，导致其电导率增加。另外，电阻的变化量与气体的浓度相关。因此，通过 SnO_2 电阻的变化，即可对气体进行检测分析。

由于气体和金属氧化物的相互作用主要发生在表面，因而金属氧化物的颗粒尺寸和比表面积对其气敏性能有很大的影响。如图 4.30 所示，根据金属氧化物的晶粒尺寸 D 和其德拜长度 δ 的相对大小，可以分为三种情况[69]：

（1）对于大尺寸的晶粒（$D \gg \delta$），此时耗尽层只占了表面较薄的一层，因而气敏性能主要受晶界控制（grain boundary control），由于此时金属氧化物只有一小部分受气体的影响，因而灵敏度比较低；

（2）若晶粒尺寸与德拜长度（通常为几个纳米）相当，且大于德拜长度的两倍（$D > 2\delta$）时，材料体内剩余一个直径为 L_C（$L_C = D - 2\delta$）的导电通道，此时主要受颈部控制（neck control），此时灵敏度居中；

（3）当晶粒尺寸小于或等于德拜长度的两倍（$D \leqslant 2\delta$）时，整个材料均为耗尽层，此时灵敏度最高。

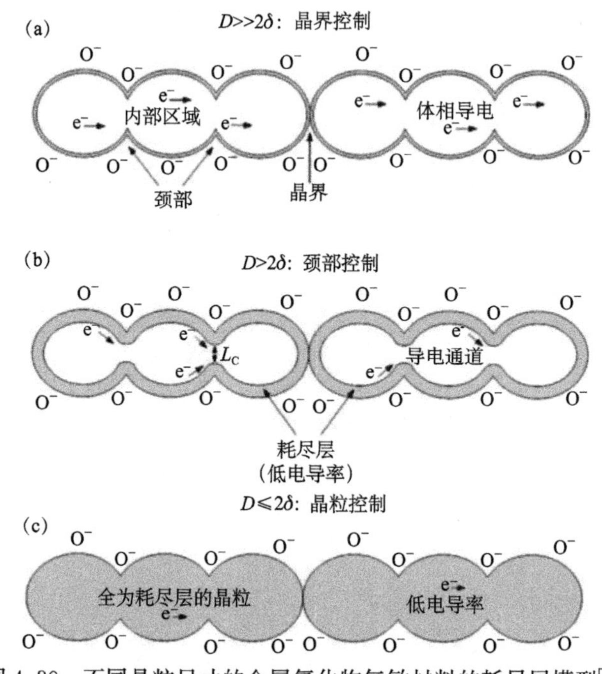

图 4.30　不同晶粒尺寸的金属氧化物气敏材料的耗尽层模型[69]

因此，减小颗粒尺寸和提高比表面积可以提高气体传感器的灵敏度。此外，构建多孔结构也有利于加强气体的传输。利用 3.6 节中我们发展的“非晶络合物分解法合成多孔材料”方法，可以制备出多孔片状 ZnO（其形貌如图 3.45 所示），将其组装成气体传感器，性能如图 4.31 所示，可以看出多孔片状 ZnO 的气敏性能明显高于 ZnO 商品纳米颗粒[76]。此外，利用 3.5 节中我们开发的“自

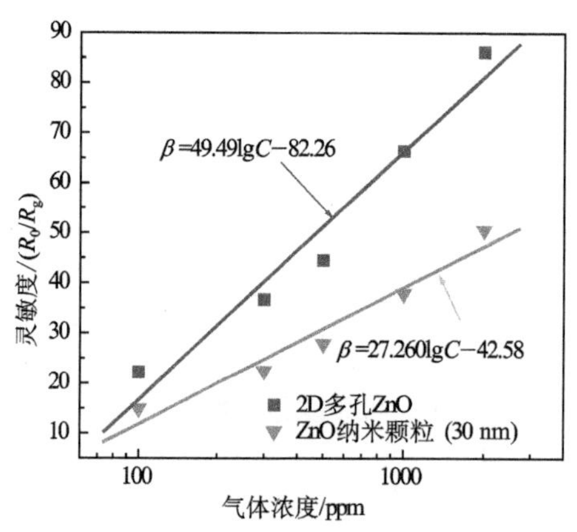

图 4.31　多孔片状 ZnO 和 ZnO 商品纳米颗粒对丙酮的气敏性能[76]

维持燃烧分解合成多孔材料”的方法，可以制备出三维大孔/介孔 ZnO 材料（形貌如图 3.32 所示）；其气敏性能如图 4.32 所示，三维大孔/介孔 ZnO 的灵敏度也明显高于 ZnO 商品纳米颗粒，因为多孔结构有利于气体的扩散且可提供较大的表面积[77]。

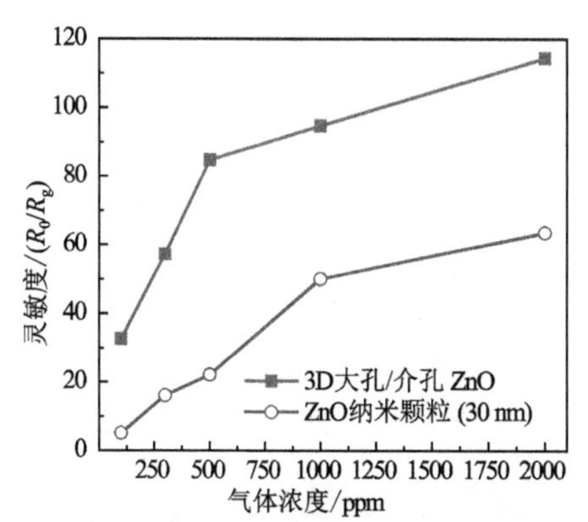

图 4.32　三维大孔/介孔 ZnO 和 ZnO 商品纳米颗粒对乙醇的气敏性能[77]

云南大学王毓德课题组采用溶液燃烧多孔材料制备技术，制备了 ZnO/CdO[78]、Al 掺杂 ZnO[79]、Co_3O_4[80] 和 Ag/Al 掺杂 ZnO[81] 等多种大孔/介孔材料，并研究了这些材料的气敏性能。图 4.33 为大孔 ZnO/CdO 复合材料的气敏性

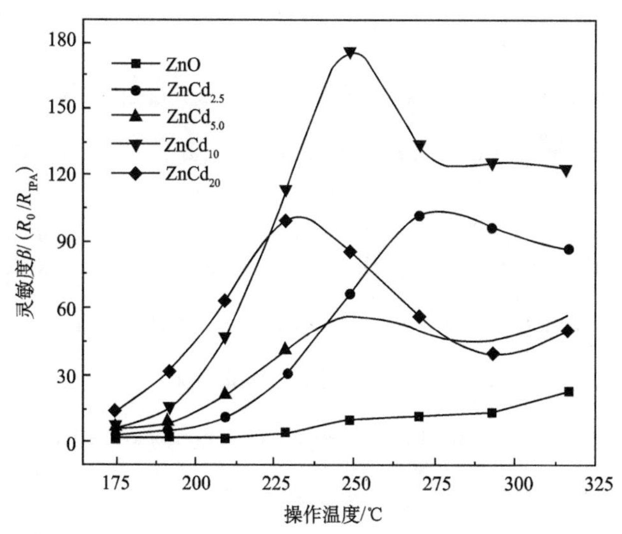

图 4.33　燃烧合成的不同 CdO 含量的 ZnO/CdO 复合材料对 1000 ppm 异丙醇气体的灵敏度随温度的变化[78]

能，可以看出，ZnO/CdO 对异丙醇气体的气敏性能明显高于单相的 ZnO[78]。

参 考 文 献

[1] Tarascon J M, Armand M. Issues and challenges facing rechargeable lithium batteries. Nature, 2001, 414: 359-367.

[2] 黄可龙，王兆翔，刘素琴．锂离子电池原理与关键技术．北京：化学工业出版社，2010.

[3] Bruce P G, Scrosati B, Tarascon J M. Nanomaterials for rechargeable lithium batteries. Angewandte Chemie, International Edition, 2008, 47: 2930-2946.

[4] Jiang C, Hosono E J, Zhou H. Nanomaterials for lithium ion batteries. Nano Today, 2006, 1: 28-33.

[5] Goodenough J B, Kim Y. Challenges for rechargeable Li batteries. Chemistry of Materials, 2010, 22: 587-603.

[6] Yang Z, Zhang J, Kintner-Meyer M C W, Lu X, Choi D, Lemmon J P, Liu J. Electrochemical energy storage for green grid. Chemical Reviews, 2011, 111: 3577-3613.

[7] Goodenough J B, Park K S. The Li-ion rechargeable battery: A perspective. Journal of the American Chemical Society, 2013, 135: 1167-1176.

[8] Winter M, Besenhard J O, Spahr M E, Novák P. Insertion electrode materials for rechargeable lithium batteries. Advanced Materials, 1998, 10: 725-763.

[9] Jiang C, Zhang J. Nanoengineering titania for high rate lithium storage: A review. Journal of Materials Science & Technology, 2013, 29: 97-122.

[10] Yang Z, Choi D, Kerisit S, Rosso K M, Wang D, Zhang J, Graff G, Liu J. Nanostructures and lithium electrochemical reactivity of lithium titanites and titanium oxides: A review. Journal of Power Sources, 2009,

192：588－598.

[11] Park C M，Kim J H，Kim H，Sohn H J. Li-alloy based anode materials for Li secondary batteries. Chemical Society Reviews，2010，39：3115－3141.

[12] Zhang W J. A review of the electrochemical performance of alloy anodes for lithium-ion batteries. Journal of Power Sources，2011，196：13－24.

[13] Idota Y，Kubota T，Matsufuji A，Maekawa Y，Miyasaka T. Tin-based amorphous oxide：A high-capacity lithium-ion-storage material. Science，1997，276：1395－1397.

[14] Cabana J，Monconduit L，Larcher D，Palacín M R. Beyond intercalation-based Li-ion batteries：The state of the art and challenges of electrode materials reacting through conversion reactions. Advanced Materials，2010，22：E170-E192.

[15] Prakash A S，Manikandan P，Ramesha K，Sathiya M，Tarascon J M，Shukla A K. Solution-combustion synthesized nanocrystalline $Li_4Ti_5O_{12}$ as high-rate performance Li-ion battery anode. Chemistry of Materials，2010，22：2857－2863.

[16] Li X，Lin H C，Cui W J，Xiao Q，Zhao J B. Fast Solution-combustion synthesis of nitrogen-modified $Li_4Ti_5O_{12}$ nanomaterials with improved electrochemical performance. ACS Applied Materials & Interfaces，2014，6：7895－7901.

[17] Sivaranjani K，Gopinath C S. Porosity driven photocatalytic activity of wormhole mesoporous $TiO_{2-x}N_x$ in direct sunlight. Journal of Materials Chemistry，2011，21：2639－2647.

[18] Sivalingam G，Nagaveni K，Hegde M S，Madras G. Photocatalytic degradation of various dyes by combustion synthesized nano anatase TiO_2. Applied Catalysis B：Environmental，2003，45：23－38.

[19] Nagaveni K, Hegde M S, Ravishankar N, Subbanna G N, Madras G. Synthesis and structure of nanocrystalline TiO_2 with lower band gap showing high photocatalytic activity. Langmuir, 2004, 20: 2900 - 2907.

[20] Sivalingam G, Priya M H, Madras G. Kinetics of the photodegradation of substituted phenols by solution combustion synthesized TiO_2. Applied Catalysis B: Environmental, 2004, 51: 67 - 76.

[21] Sivaranjani K, Agarkar S, Ogale S B, Gopinath C S. Toward a quantitative correlation between microstructure and DSSC efficiency: A case study of $TiO_{2-x}N_x$ nanoparticles in a disordered mesoporous framework. Journal of Physical Chemistry C, 2012, 116: 2581 - 2587.

[22] Wen W, Wu J M, Jiang Y Z, Yu S L, Bai J Q, Cao M H, Cui J. Anatase TiO_2 ultrathin nanobelts derived from room-temperature-synthesized titanates for fast and safe lithium storage. Scientific Reports, 2015, 5: 11804.

[23] Wen W, Wu J M, Jiang Y Z, Bai J Q, Lai L L. Titanium dioxide nanotrees for high-capacity lithium-ion microbatteries. Journal of Materials Chemistry A, 2016, 4: 10593 - 10600.

[24] Wang W, Tian M, Abdulagatov A, George S M, Lee Y C, Yang R. Three-dimensional Ni/TiO_2 nanowire network for high areal capacity lithium ion microbattery applications. Nano Letters, 2012, 12: 655 - 660.

[25] Dong S, Wang H, Gu L, Zhou X, Liu Z, Han P, Wang Y, Chen X, Cui G, Chen L. Rutile TiO_2 nanorod arrays directly grown on Ti foil substrates towards lithium-ion micro-batteries. Thin Solid Films, 2011, 519: 5978 - 5982.

[26] Cheah S K, Perre E, Rooth M, Fondell M, Hårsta A, Nyholm L, Boman M, Gustafsson T, Lu J, Simon P, Edström K. Self-supported three-

dimensional nanoelectrodes for microbattery applications. Nano Letters, 2009, 9: 3230-3233.

[27] Saito G, Zhu C, Han C G, Sakaguchi N, Akiyama T. Solution combustion synthesis of porous Sn-C composite as anode material for lithium ion batteries. Advanced Powder Technology, 2016, 27: 1730-1737.

[28] Wen W, Wu J. Eruption combustion synthesis of NiO/Ni nanocomposites with enhanced properties for dye-absorption and lithium storage. ACS Applied Materials & Interfaces, 2011, 3: 4112-4119.

[29] Wen W, Wu J, Cao M. Rapid one-step synthesis and electrochemical performance of NiO/Ni with tunable macroporous architectures. Nano Energy, 2013, 2: 1383-1390.

[30] Wen W, Wu J M, Cao M H. Facile synthesis of a mesoporous Co_3O_4 network for Li-storage via thermal decomposition of an amorphous metal complex. Nanoscale, 2014, 6: 12476-12481.

[31] Cao Z, Qin M, Jia B, Zhang L, Wan Q, Wang M, Volinsky A A, Qu X. Facile route for synthesis of mesoporous Cr_2O_3 sheet as anodematerials for Li-ion batteries. Electrochimica Acta, 2014, 139: 76-81.

[32] Adams R A, Pol V G, Varma A. Tailored solution combustion synthesis of high performance $ZnCo_2O_4$ anode materials for lithium-ion batteries. Industrial & Engineering Chemistry Research, 2017, 56: 7173-7183.

[33] Liao J Y, Higgins D, Lui G, Chabot V, Xiao X C, Chen Z W. Multifunctional TiO_2 - C/MnO_2 core-double-shell nanowire arrays as high-performance 3D electrodes for lithium ion batteries. Nano Letters, 2013, 13: 5467-5473.

[34] Zheng H, Fang S, Tong Z, Pang G, Shen L, Li H, Yang L,

Zhang X. Stabilized titanium nitride nanowire supported silicon core-shell nanorods as high capacity lithium-ion anodes. Journal of Materials Chemistry A, 2015, 3: 12476 - 12481.

[35] Wang Y Q, Guo L, Guo Y G, Li H, He X Q, Tsukimoto S, Ikuhara Y, Wan L J. Rutile-TiO_2 nanocoating for a high-rate $Li_4Ti_5O_{12}$ anode of a lithium-ion battery. Journal of the American Chemical Society, 2012, 134: 7874 - 7879.

[36] Fang S, Shen L F, Nie P, Xu G Y, Yang L, Zheng H, Zhang X G. Titanium dioxide/germanium core-shell nanorod arrays grown on carbon textiles as flexible electrodes for high density lithium-ion batteries. Particle & Particle Systems Characterization, 2015, 32: 364 - 372.

[37] Hong J E, Oh R G, Ryu K S. $Li_4Ti_5O_{12}/Co_3O_4$ composite for improved performance in lithium-ion batteries. Journal of the Electrochemical Society, 2015, 162: A1978 - A1983.

[38] Rai A K, Gim J, Anh L T, Kim J. Partially reduced Co_3O_4/graphene nanocomposite as an anode material for secondary lithium ion battery. Electrochimica Acta, 2013,100: 63 - 71.

[39] Zhu C, Sheng N, Akiyama T. MnO nanoparticles embedded in a carbon matrix for a high performance Li ion battery anode. RSC Advances, 2015, 5: 21066 - 21073.

[40] Etacheri V, Marom R, Elazari R, Salitra G, Aurbach D. Challenges in the development of advanced Li-ion batteries: A review. Energy & Environmental Science, 2011, 4: 3243 - 3262.

[41] Ellis B L, Lee K T, Nazar L F. Positive electrode materials for Li-ion and Li-batteries. Chemistry of Materials, 2010, 22: 691 - 714.

[42] Barpanda P, Ye T, Chung S C, Yamada Y, Nishimura S, Yamada

A. Eco-efficient splash combustion synthesis of nanoscale pyrophosphate ($Li_2FeP_2O_7$) positive-electrode using Fe(Ⅲ) precursors. Journal of Materials Chemistry，2012，22：13455-13459.

[43] Sclar H，Kovacheva D，Zhecheva E，Stoyanova R，Lavi R，Kimmel G，Grinblat J，Girshevitz O，Amalraj F，Haik O，Zinigrad E，Markovsky B，Aurbach D. On the performance of $LiNi_{1/3}Mn_{1/3}Co_{1/3}O_2$ nanoparticles as a cathode material for lithium-ion batteries. Journal of the Electrochemical Society，2009，156：A938-A948.

[44] Liao S X，Zhong B H，Guo X D，Shi X S，Hua W B. Facile combustion synthesis and electrochemical performance of the cathode material $Li_{1.231}Mn_{0.615}Ni_{0.154}O_2$. European Journal of Inorganic Chemistry，2013，31：5436-5442.

[45] Zhao B，Yu X，Cai R，Ran R，Wang H，Shao Z. Solution combustion synthesis of high-rate performance carbon-coated lithium iron phosphate from inexpensive iron（Ⅲ）raw material. Journal of Materials Chemistry，2012，22：2900-2907.

[46] Wen W，Yao J C，Jiang C C，Wu J M. Solution combustion synthesis of nanomaterials for lithium storage. International Journal of Self-Propagating High-Temperature Synthesis，2017，26：187-198.

[47] Wen W，Liang D，Cheng J P，Wu J M. CoOOH ultrafine nanoparticles for supercapacitors. RSC Advances，2016，6：70947-70951.

[48] Xia X H，Tu J P，Zhang Y Q，Wang X L，Gu C D，Zhao X B，Fan H J. High-quality metal oxide core/shell nanowire arrays on conductive substrates for electrochemical energy storage. ACS Nano，2012，6：5531-5538.

[49] Wang G P，Zhang L，Zhang J J. A review of electrode materials for electro-

chemical supercapacitors. Chemical Society Reviews，2012，41：797－828.

[50] Chaturvedi P，Kumar A，Sil A，Sharma Y. Cost effective urea combustion derived mesoporous-Li_2MnSiO_4 as a novel material for supercapacitors. RSC Advances，2015，5：25156－25163.

[51] Deng J C，Kang L T，Bai G L，Li Y，Li P Y，Liu X G，Yang Y Z，Gao F，Liang W. Solution combustion synthesis of cobalt oxides（Co_3O_4 and Co_3O_4/CoO）nanoparticles as supercapacitor electrode materials. Electrochmica Acta，2014，132：127－135.

[52] Jayalakshmi M，Balasubramanian K. Solution combustion synthesis of Fe_2O_3/C，Fe_2O_3-SnO_2/C，Fe_2O_3-ZnO/C composites and their electrochemical characterization in non-aqueous electrolyte for supercapacitor application. International Journal of Electrochemical Science，2009，4：878－886.

[53] Jayalakshmi M，Palaniappa M，Balasubramanian K. Single step solution combustion synthesis of ZnO/carbon composite and its electrochemical characterization for supercapacitor application. International Journal of Electrochemical Science，2008，3：96－103.

[54] Srikesh G，Nesaraj A S. Synthesis and characterization of phase pure NiO nanoparticles via the combustion route using different organic fuels for electrochemical capacitor applications. Journal of Electrochemical Science and Technology，2015，6：16－25.

[55] Zhang Y Q，Xuan H C，Xu Y K，Guo B J，Lin H，Kang L T，Han P D，Wang D H，Du Y W. One-step large scale combustion synthesis mesoporous MnO_2/$MnCo_2O_4$ composite as electrode material for high-performance supercapacitors. Electrochmica Acta，2016，206：278－290.

[56] Tao K Y，Li P Y，Kang L T，Li X R，Zhou Q F，Dong L，Laing

W. Facile and low-cost combustion-synthesized amorphous mesoporous NiO/carbon as high mass-loading pseudocapacitor materials. Journal of Power Sources, 2015, 293: 23 - 32.

[57] Nagaveni K, Hegde M S, Madras G. Structure and photocatalytic activity of $Ti_{1-x}M_xO_{2\pm\delta}$ (M=W, V, Ce, Zr, Fe, and Cu) synthesized by solution combustion method. Journal of Physical Chemistry B, 2004, 108: 20204 - 20212.

[58] Mapa M, Thushara K S, Saha B, Chakraborty P, Janet C M, Viswanath R P, Nair C M, Murty K V G K, Gopinath C S. Electronic structure and catalytic study of solid solution of GaN in ZnO. Chemistry of Materials, 2009, 21: 2973 - 2979.

[59] Morales W, Cason M, Aina O, de Tacconi N R, Rajeshwar K. Combustion synthesis and characterization of nanocrystalline WO_3. Journal of the American Chemical Society, 2008, 130: 6318 - 6319.

[60] Thind S S, Wu G S, Tian M, Chen A C. Significant enhancement in the photocatalytic activity of N, W co-doped TiO_2 nanomaterials for promising environmental applications. Nanotechnology, 2012, 23: 475706.

[61] Timmaji H K, Chanmanee W, de Tacconi N R, Rajeshwar K. Solution combustion synthesis of $BiVO_4$ nanoparticles: Effect of combustion precursors on the photocatalytic activity. Journal of Advanced Oxidation Technologies, 2011, 14: 93 - 105.

[62] Zhang Z J, Wang W Z, Shang M, Yin W Z. Low-temperature combustion synthesis of Bi_2WO_6 nanoparticles as a visible-light-driven photocatalyst. Journal of Hazardous Materials, 2010, 177: 1013 - 1018.

[63] Saha D, Madras G, Row T N G. Solution combustion synthesis of gamma (L) -Bi_2MoO_6 and photocatalytic activity under solar radia-

tion. Materials Research Bulletin，2011，46：1252-1256.

[64] Hossain M K，Samu G F，Gandha K，Santhanagopalan S，Liu J P，Janaky C，Rajeshwar K. Solution combustion synthesis，characterization，and photocatalytic activity of $CuBi_2O_4$ and its nanocomposites with CuO and alpha-Bi_2O_3. Journal of Physical Chemistry C，2017，121：8252-8261.

[65] Bai J Q，Wen W，Wu J M. Facile synthesis of Ni-doped TiO_2 ultrathin nanobelt arrays with enhanced photocatalytic performance. CrystEngComm，2016，18：1847-1853.

[66] Kelkar S A，Shaikh P A，Pachfule P，Ogale S B. Nanostructured Cd_2SnO_4 as an energy harvesting photoanode for solar water splitting. Energy & Environmental Science，2012，5：5681-5685.

[67] Wen W，Yao J C，Gu Y J，Sun T L，Tian H，Zhou Q L，Wu J M. Balsam-pear-like rutile/anatase core/shell titania nanorod arrays for photoelectrochemical water splitting. Nanotechnology，2017，28：465602.

[68] Kim I D，Rothschild A，Tuller H L. Advances and new directions in gas-sensing devices. Acta Materialia，2013，61：974-1000.

[69] Tricoli A，Righettoni M，Teleki A. Semiconductor gas sensors：Dry synthesis and application. Angewandte Chemie，International Edition，2010，49：7632-7659.

[70] 倪星元，张志华．传感器敏感功能材料及应用．北京：化学工业出版社，2005.

[71] Wagner T，Haffer S，Weinberger C，Klaus D，Tiemann M. Mesoporous materials as gas sensors. Chemical Society Reviews，2013，42：4036-4053.

[72] Gurlo A. Nanosensors：Towards morphological control of gas sensing activity. SnO_2，In_2O_3，ZnO and WO_3 case studies. Nanoscale，2011，3：154-165.

[73] Kim H J，Lee J H. Highly sensitive and selective gas sensors using p-type oxide semiconductors：Overview. Sensors and Actuators B：Chemical，2013，192：607－627.

[74] Sun Y F，Liu S B，Meng F L，Liu J Y，Jin Z，Kong L T，Liu J H. Metal oxide nanostructures and their gas sensing properties：A review. Sensors，2012，12：2610－2631.

[75] Ogawa H，Nishikawa M，Abe A. Hallmeasurement studies and an electrical conduction model of tin oxide ultrafine particle films. Journal of Applied Physics，1982，53：4448－4455.

[76] Wen W，Wu J M，Wang Y D. Large-size porous ZnO flakes with superior gas-sensing performance. Applied Physics Letters，2012，100：262111.

[77] Wen W，Wu J，Wang Y. Flash synthesis of macro-/mesoporous ZnO for gas sensors via self-sustained decomposition of a Zn-based complex. RSC Advances，2013，3：12052－12055.

[78] Cai X，Hu D，Deng S，Han B，Wang Y，Wu J，Wang Y. Isopropanol sensing properties of coral-like ZnO-CdO composites by flash preparation via self-sustained decomposition of metal-organic complexes. Sensors and Actuators B：Chemical，2014，198：402－410.

[79] Xing X X，Chen T，Li Y X，Deng D Y，Xiao X C，Wang Y D. Flash synthesis of Al-doping macro-/nanoporous ZnO from self-sustained decomposition of Zn-based complex for superior gas-sensing application to n-butanol. Sensors and Actuators B：Chemical，2016，237：90－98.

[80] Deng S J，Chen N，Deng D Y，Li Y X，Xing X X，Wang Y D. Meso- and macroporous coral-like Co_3O_4 for VOCs gas sensor. Ceramics Inter-

national，2015，41：11004 - 11012.

[81] Xing X X，Li Y X，Deng D Y，Chen N，Liu X，Xiao X C，Wang Y D. Ag-Functionalized macro-/mesoporous AZO synthesized by solution combustion for VOCs gas sensing application. RSC Advances，2016，6：101304 - 101312.

第5章　溶液燃烧新模式

本章简要介绍溶液燃烧与其他方法相结合的一些研究进展，包括将多孔载体加入溶液燃烧反应体系中；将可溶性盐加入溶液燃烧反应体系中；将溶液燃烧与喷雾干燥法相结合；将溶液燃烧与超声过程相结合等，最后简单介绍溶液燃烧的连续生产装置。

5.1　载体辅助溶液燃烧

在催化应用中，常将活性组分分散于氧化物等载体上，以提高活性组分的分散性和防止在催化过程中的晶粒长大，有利于提高催化剂的活性、稳定性和机械性能，也可方便地将催化剂进行分离、回收。将载体加入溶液燃烧的前驱溶液中，通过点燃可以制备负载型催化剂材料，同时，载体的加入也对燃烧过程产生了一定的影响[1,2]。

Dinka 等分别将 α-Al_2O_3、γ-Al_2O_3、ZrO_2 和活性氧化铝（activated alumina）多孔载体加入“硝酸铁和甘氨酸”燃烧反应体系中，经过加热点燃后得到两部分样品：Fe_2O_3 粉末；负载于载体上的 Fe_2O_3[2]。从表 5.1 可以看出，负载于载体上的 Fe_2O_3 的比表面积明显高于 Fe_2O_3 粉末的比表面积，且两者的比表面积均高于不加载体（常规的燃烧法）制备的 Fe_2O_3 粉末的比表面积（仅为 1.9 $m^2\cdot g^{-1}$）。这说明利用溶液燃烧法，可以获得多孔载体负载的氧化物催化剂材料，且最终获得的负载型催化剂的比表面积较高。高比表面积的原因主要有两方面：多孔载体有利于提高燃烧产物的分散性；由于载体的吸热作用，加入载体可降低燃烧反应的峰值温度

（如图 5.1 所示，与不加载体相比，加入载体后燃烧反应的最高温度显著降低，且燃烧反应的最高温度受载体种类的影响），进而减少燃烧产物的烧结和晶粒长大程度。

表 5.1 不同载体和燃烧产物的比表面积[2]

载体	载体的比表面积 /($m^2 \cdot g^{-1}$)	铁氧化物粉末的比表面积/($m^2 \cdot g^{-1}$)	负载催化剂的比表面积 /($m^2 \cdot g^{-1}$)
活性 Al_2O_3	149	40	225
α-Al_2O_3	5.1	4.5	5.8
γ-Al_2O_3	244	37	197
ZrO_2	125	22	112

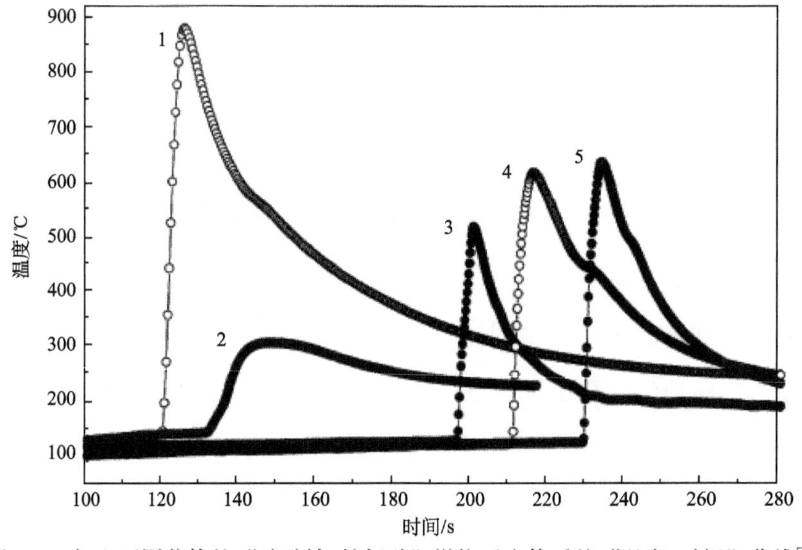

图 5.1 加入不同载体的“硝酸铁-甘氨酸”燃烧反应体系的“温度-时间”曲线[2]

1. 不加载体；2. 活性 Al_2O_3；3. ZrO_2；4. α-Al_2O_3；5. γ-Al_2O_3

正如 2.1.2 节所述，通过增加燃料的用量（$\varphi>1$），可利用溶液燃烧法制备金属单质或合金，所以溶液燃烧法也适用于制备负载型金属催化剂。Zavyalova 等采用微波溶液燃烧法将 Pt 纳米颗粒（$<$ 10 nm）负载于网状 α-Al_2O_3 泡沫上，并详细研究了反应过程[3]。如图 5.2 所示，Pt 纳米颗粒的形成主要历经：Pt 前驱体的络合；Pt 前驱体被还原成 Pt 纳米颗粒；有机配体的碳化；碳的燃烧去除[3]。Shi 以柠檬酸为燃料，采用溶液燃烧法在 Ar 气体中制备了负载型金属催

化剂 Co/SiO_2，并发现随着燃料用量的增加，催化剂的还原度增加，因为柠檬酸的分解可释放还原性气体 H_2 和 CH_4，且溶液燃烧法制备的 Co/SiO_2 比传统浸渍法（impregnation method）制备的 Co/SiO_2 具有更高的催化活性[4]。Cross 等也通过溶液燃烧法，在“硝酸镍-硝酸铵-甘氨酸”燃烧反应体系中加入 SiO_2 载体，在惰性气氛中制备了 Ni/SiO_2 催化剂，该催化剂的比表面积为 155 $m^2 \cdot g^{-1}$，并具有较高的乙醇催化制氢活性和优异的稳定性（连续操作 100 h 没有出现明显的活性下降）[5]。

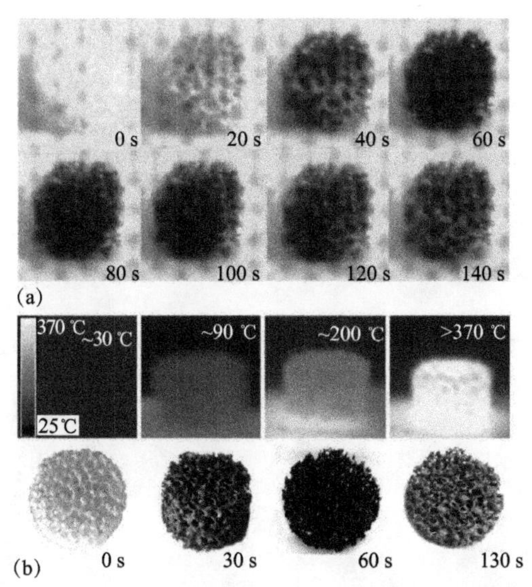

图 5.2　(a) 微波溶液燃烧过程的照片，(b) 不同反应时间的红外热成像照片[3]

此外，利用溶液燃烧法，还可以制备出“贵金属离子型”催化剂（noble metal ionic catalysts)[6-10]，即贵金属掺入 CeO_2 等金属氧化物中形成固溶体，此类催化剂具有优异的催化性能[7]。

5.2　盐助溶液燃烧

溶液燃烧过程产生的高温容易导致产物颗粒发生团聚。Chen 等发现在溶液燃烧反应体系中加入可溶性盐可有效阻碍燃烧过程中颗粒的团聚，且这些盐可通过水洗的方式去除，不影响产物的纯度，此外，这些盐的吸热作用可降低燃烧反应的温度，最终得到高比表面积的氧化物材料[11-13]。以“硝酸铈-乙二醇”燃烧反应体系制备 CeO_2 为例，产物的比表面积受乙二醇/硝酸铈比例、加入盐的种类及盐的用量的影响[11]。不加入盐时制备的 CeO_2 的比表面积为 14 $m^2 \cdot g^{-1}$，而分别加入一定量的 NaCl、KCl、$CaCl_2$、KCl/LiCl、KCl/$CaCl_2$ 时得到的 CeO_2 的比表面分别为 122 $m^2 \cdot g^{-1}$、157 $m^2 \cdot g^{-1}$、81 $m^2 \cdot g^{-1}$、86 $m^2 \cdot g^{-1}$、151 $m^2 \cdot g^{-1}$[11]。图 5.3为不同的乙二醇与硝酸根的摩尔比（EG/NO_3^-）以及氯化钠与金属离子的摩尔比（NaCl/M）对 $LaMnO_3$ 形貌的影响，可以看出，不加入 NaCl 时得到的

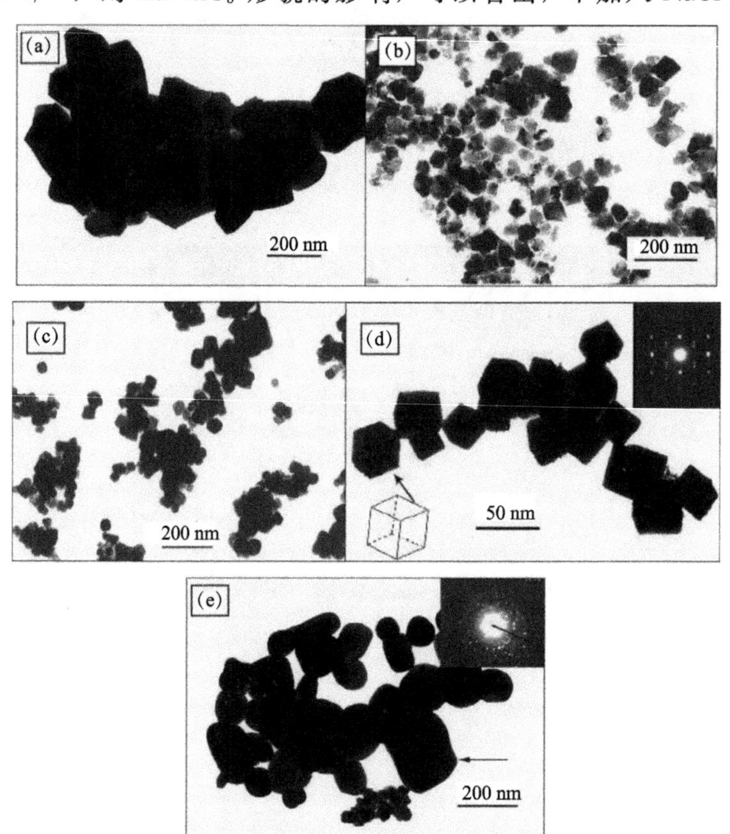

图 5.3 不同制备条件（EG/NO_3^- 及 NaCl/M）获得的 $LaMnO_3$ 的 TEM 照片

(a) EG/NO_3^-=7/10，NaCl/M=0；(b) EG/NO_3^-=7/10，NaCl/M=2/3；(c) 和 (d) EG/NO_3^-=9/10，NaCl/M=4/3；(e) EG/NO_3^-=11/10，NaCl/M=4/3 [12]

$LaMnO_3$ 颗粒尺寸较大，加入一定量的 NaCl 后，颗粒尺寸明显下降[12]。当反应条件合适时，$LaMnO_3$ 为较规则的立方体形貌（图 5.3（c）和（d）），这可能与燃烧过程中的高温导致融化而出现熔融盐辅助合成有关[12]。此外，盐助溶液燃烧法还被应用于制备 $CoFe_2O_4$、$Er_2Sn_2O_7$ 和 $Nd_2(Zr_{1-x}Sn_x)_2O_7$（$0 \leqslant x \leqslant 1$）等材料[14-16]。

5.3 喷雾溶液燃烧

喷雾热解法可以实现球形颗粒的制备。因此，将溶液燃烧法与喷雾热解法相结合可实现球形颗粒的制备，即将溶液燃烧法的前驱溶液通过气体射流（gas jets)、喷雾器（sprayers）或超声雾化器（ultrasonic nebulizers）变成微液滴（microdrolets)，然后通过管式炉、微波反应器或气体火焰进行加热[17]。Wang 和 Zachariah 课题组以硝酸锰和蔗糖为原料，通过气溶胶喷雾热解法（aerosol spray pyrolysis）制备了 MnO_x/C 亚微米球（sub-microsphere)[18]，且以硝酸铁和蔗糖为原料，采用气溶胶喷雾热解法制备了介孔 Fe_2O_3 球[19]。如图 5.4 所示，600 ℃制备的介孔 Fe_2O_3 球为非晶结构（图 5.4（a)～(d))，而 800 ℃制备的介孔 Fe_2O_3 球为结晶结构（图 5.4（e)～(h))；作为锂离子电池负极材料时，结晶介孔 Fe_2O_3 球的性能高于非晶介孔 Fe_2O_3 球，而非晶介孔 Fe_2O_3 球的性能优于商品 Fe_2O_3 颗粒，结晶介孔 Fe_2O_3 球在 0.5 C 和 10 C 倍率下的比容量分别为800 $mAh \cdot g^{-1}$ 和300 $mAh \cdot g^{-1}$[19]。

空心结构材料在能量转换、能量存储、催化和药物释放等领域具有潜在的应用前景[20]。空心结构（如空心球）的制备通常通过模板法，即以 SiO_2 球、聚苯乙烯（PS）球、C 球或聚甲基丙烯酸甲酯（PMMA）球为模板，然后在球表面沉积所需材料，最后将模板去除[21]。Mukasyan 课题组采用喷雾溶液燃烧法（制备装置如图 5.5 所示）制备了金属 Ni、Cu 空心球，平均直径为 3 μm，平均壁厚为 20 nm；在制备过程中，不需要外部的气体火焰，能量来自反应物的燃烧反

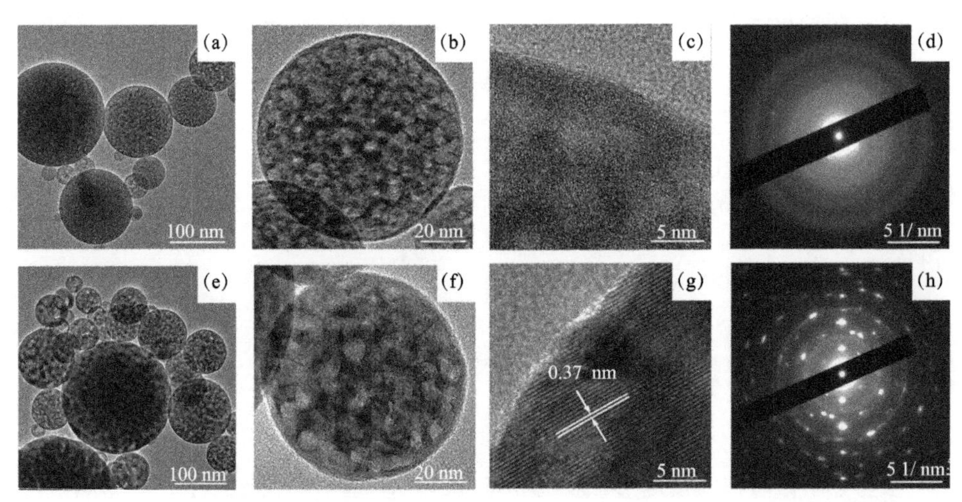

图 5.4 气溶胶喷雾热解法制备的非晶介孔 Fe_2O_3 球和结晶介孔 Fe_2O_3 球的表征

(a)～(c) 非晶介孔 Fe_2O_3 球的 TEM 照片；(d) 非晶介孔 Fe_2O_3 球的 SAED 图案；(e)～(g) 结晶介孔 Fe_2O_3 球的 TEM 照片；(h) 结晶介孔 Fe_2O_3 球的 SAED 图案[19]

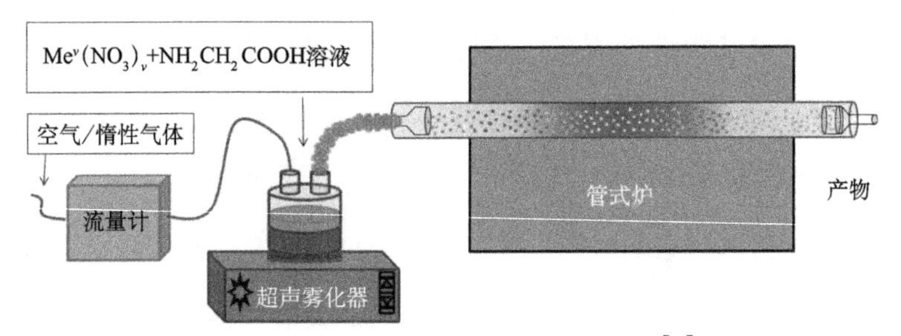

图 5.5 喷雾溶液燃烧合成装置示意图[22]

应[22]。产物成分和微结构主要受炉温、溶液成分、载气类型和气体流量的影响[22]。在 750 ℃和以空气作为载气时，得到 NiO 空心球（图 5.6 (a)～(c)）；而在 750 ℃和以 Ar 气作为载气时，可得到金属 Ni 空心球（图 5.6 (d)～(f)），比表面积为 10 $m^2 \cdot g^{-1}$[22]。Wang 和 Zachariah 课题组也以硝酸铜和蔗糖为原料，采用气溶胶喷雾热解法制备了 CuO/C 空心球，形貌如图 5.7 所示[23]。

5.4 超声辅助溶液燃烧

将外场引入溶液燃烧合成中，可进一步对溶液燃烧过程和产物进行调控。例

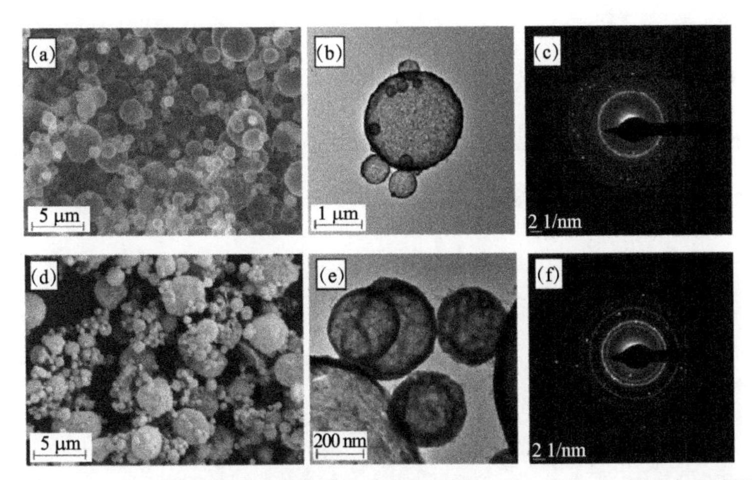

图 5.6 (a)～(c) 空气载气下得到的 NiO 空心球和 (d)～(f) Ar 气载气下得到的 Ni 空心球的表征

(a) 和 (d) SEM 照片；(b) 和 (e) TEM 照片；(c) 和 (f) SAED 图案[22]

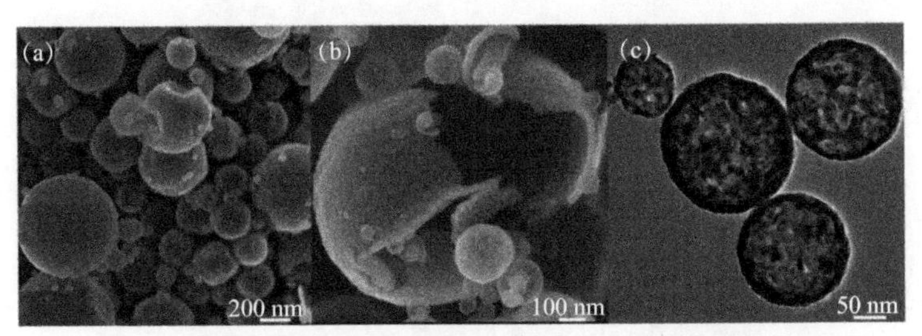

图 5.7 气溶胶喷雾热解法制备的 CuO/C 空心球的形貌表征

(a)，(b) SEM 照片；(c) TEM 照片[23]

如，与传统的加热方式相比，微波加热具有更均匀的优势；引入超声作用，可以控制燃烧产物的形貌。Chen 等对比了“普通溶液燃烧”、“先超声再燃烧”及“超声辅助溶液燃烧”（在点燃前的加热过程中超声）制备的燃烧产物及 Ar 气中 800 ℃热处理 4 h 后得到的 $Na_3V_2(PO_4)_3/C$ 的形貌[24]。图 5.8 为不同方式得到的燃烧产物的 SEM 照片，可以看出，普通溶液燃烧得到的产物为较致密的结构；而先超声再溶液燃烧及超声辅助溶液燃烧得到的燃烧产物为多孔结构，因为超声具有空化效应（cavitation effects）[24]。经过 Ar 气中 800 ℃热处理 4 h 后，普通溶液燃烧得到的 $Na_3V_2(PO_4)_3/C$ 为块状结构，而先超声再溶液燃烧及超声辅助

溶液燃烧得到的 $Na_3V_2(PO_4)_3/C$ 为大孔结构，且在超声辅助溶液燃烧得到的样品中发现有一部分空心球存在（即 $Na_3V_2(PO_4)_3/C$ 颗粒分布在 C 空心球上），如图 5.9 所示[24]。Zhou 等发现超声辅助溶液燃烧制备的 Li_2TiO_3 的晶粒尺寸仅为 5 nm，明显小于普通溶液燃烧获得的 Li_2TiO_3 的晶粒尺寸（20 nm）[25]。

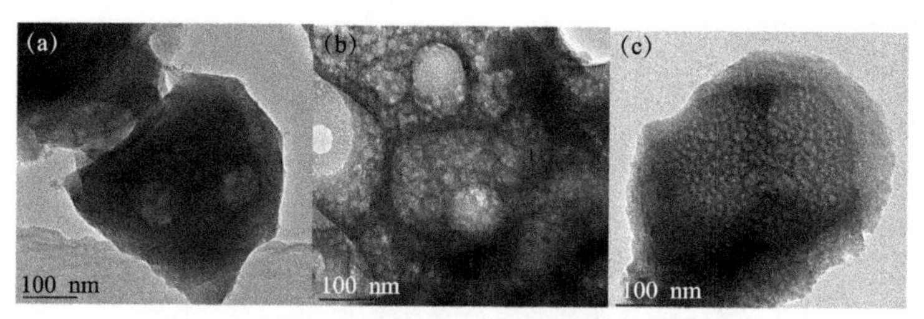

图 5.8　不同条件下得到的燃烧产物的 TEM 照片

（a）普通溶液燃烧；（b）先超声再溶液燃烧；（c）超声辅助溶液燃烧[24]

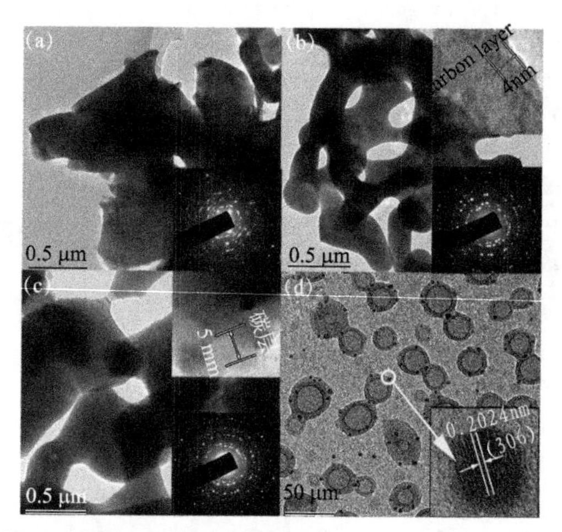

图 5.9　不同燃烧过程结合后续热处理得到的 $Na_3V_2(PO_4)_3/C$ 样品的 TEM 照片

（a）普通溶液燃烧（插图：SAED 图案）；（b）先超声再溶液燃烧（插图：SAED 图案）；（c）和（d）超声辅助溶液燃烧（插图：HRTEM 照片、SAED 图案）[24]

5.5　连续生产装置

溶液燃烧在工业化应用方面也取得了一些进展，例如，Mukasyan 等设计了一种采用溶液燃烧法来连续制备纳米氧化物的设备[26−28]。图 5.10 为该设备的示意图，其产率为 0.5 kg·h^{-1}。工作过程为：以卷纸作为反应载体，利用传输带对卷纸进行传输，卷纸依次历经反应液的浸渍和干燥，然后在燃烧室中进行燃烧。燃烧反应发生后，作为载体的纸被去除，硝酸盐和燃料间的燃烧反应导致最终产物的形成。图 5.11 为浸渍活性层燃烧（impregnated active layer combus-

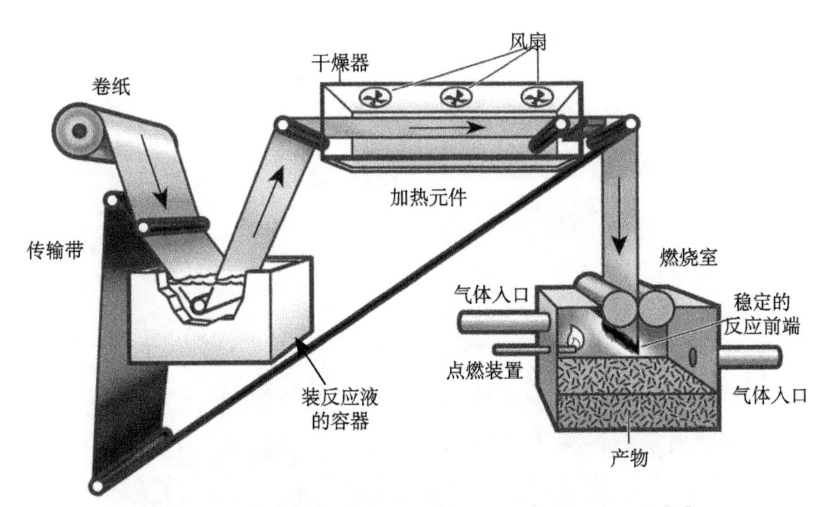

图 5.10　溶液燃烧法制备纳米粉体的连续合成设备[28]

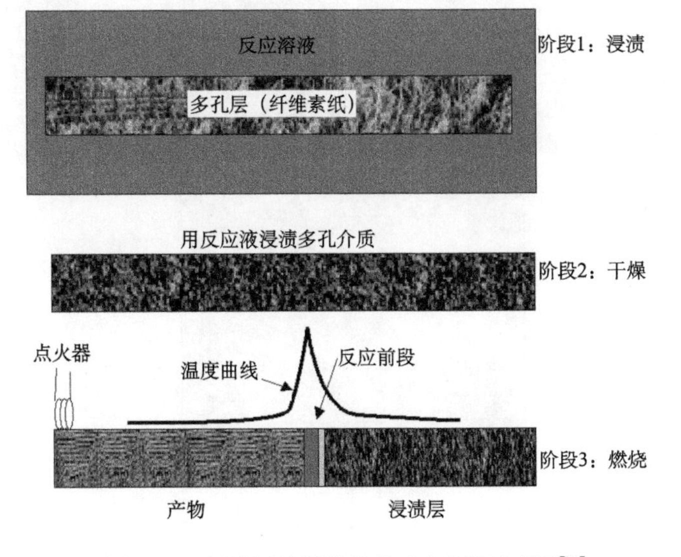

图 5.11　浸渍活性层燃烧的反应阶段示意图[26]

tion）的反应阶段的示意图，载体为纤维素纸，其多孔结构有利于反应液的渗透，且燃烧产物为气体（不影响产物的成分），燃烧后剩余灰的质量比例仅为0.2wt%[26]。以钙钛矿 $SrRuO_3$ 的制备为例，图 5.12 为不同阶段产物的 SEM

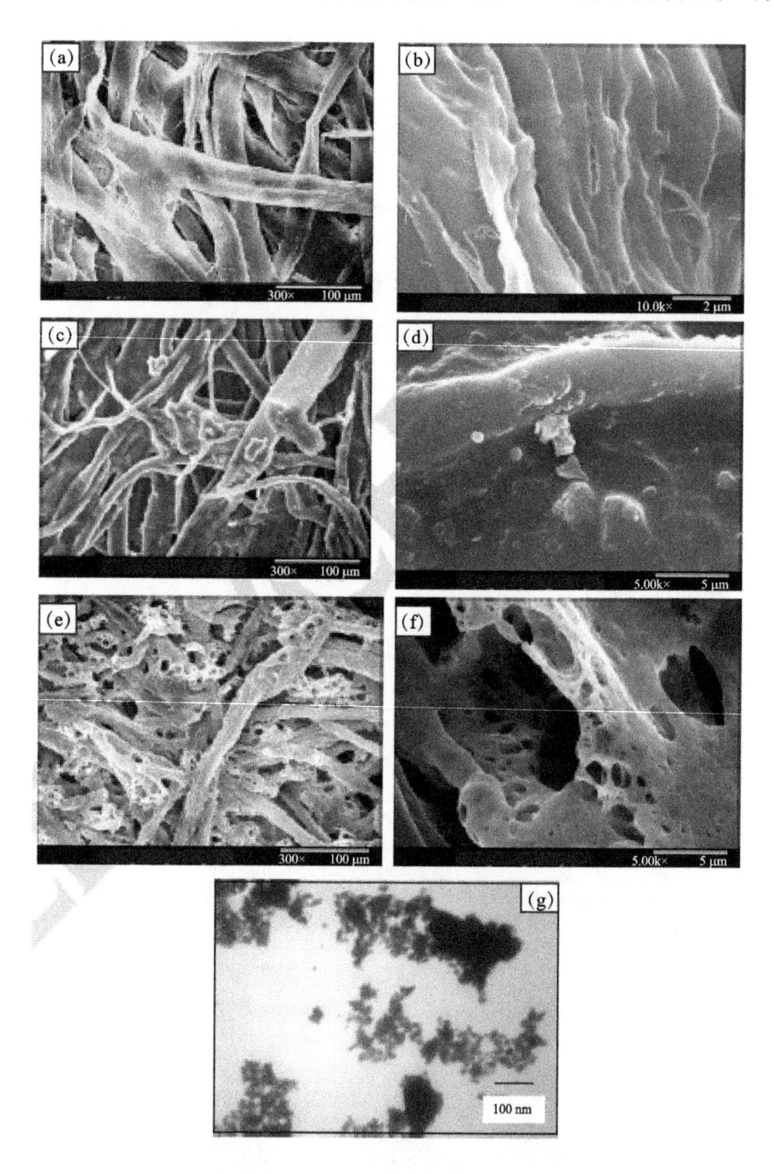

图 5.12 不同阶段产物的 SEM 图

（a）和（b）纤维素纸；（c）和（d）纤维素纸浸渍反应液后；（e）和（f）燃烧后；（g）将燃烧产物球磨后[26]

图，从图5.12（a）和（b）可以看出，纤维素纸由直径约为50 μm的纤维构成，并存在丰富的大孔（直径约为100 μm）；经反应液浸渍后，形貌基本不变，凝胶并未填充到大孔中，而是在纤维的表面形成一层均匀的覆盖层（厚度约为1 μm），如图5.12（c）和（d）所示；经燃烧后，产物整体仍然保留纤维素纸的框架结构，但各纤维已转变成多孔结构（因为纤维素被燃烧转变成气体），如图5.12（e）和（f）所示；最后，将燃烧产物进行球磨，可获得尺寸细小的纳米颗粒（图5.12（g））[26]。生产的粉末可应用于催化剂等诸多领域[28−32]。

参考文献

[1] Alifanti M，Blangenois N，Florea M，Delmon B. Supported Co-based perovskites as catalysts for total oxidation of methane. Applied Catalysis A：General，2005，280：255－265.

[2] Dinka P，Mukasyan A S. In situ preparation of oxide-based supported catalysts by solution combustion synthesis. Journal of Physical Chemistry B，2005，109：21627－21633.

[3] Zavyalova U，Girgsdies F，Korup O，Horn R，Schlogl R. Microwave-assisted self-propagating combustion synthesis for uniform deposition of metal nanoparticles on ceramic monoliths. Journal of Physical Chemistry C，2009，113：17493－17501.

[4] Shi L，Tao K，Kawabata T，Shimamura T，Zhang X J，Tsubaki N. Surface impregnation combustion method to prepare nanostructured metallic catalysts without further reduction：As-burnt Co/SiO_2 catalysts for fischertropsch synthesis. ACS Catalysis，2011，1：1225－1233.

[5] Cross A，Roslyakov S，Manukyan K V，Rouvimov S，Rogachev A S，Kovalev D，Wolf E E，Mukasyan A S. In situ preparation of highly stable Ni-based supported catalysts by solution combustion synthesis. Journal of Physical Chemistry C，2014，118：26191－26198.

[6] Priolkar K R, Bera P, Sarode P R, Hegde M S, Emura S, Kumashiro R, Lalla N P. Formation of $Ce_{1-x}Pd_xO_{2-\delta}$ solid solution in combustion-synthesized Pd/CeO_2 catalyst: XRD, XPS, and EXAFS investigation. Chemistry of Materials, 2002, 14: 2120 - 2128.

[7] Hegde M S, Madras G, Patil K C. Noble metal ionic catalysts. Accounts of Chemical Research, 2009, 42: 704 - 712.

[8] Bera P, Patil K C, Jayaram V, Subbanna G N, Hegde M S. Ionic dispersion of Pt and Pd on CeO_2 by combustion method: Effect of metal-ceria interaction on catalytic activities for NO reduction and CO and hydrocarbon oxidation. Journal of Catalysis, 2000, 196: 293 - 301.

[9] Gayen A, Priolkar K R, Sarode P R, Jayaram V, Hegde M S, Subbanna G N, Emura S. $Ce_{1-x}Rh_xO_{2-\delta}$ solid solution formation in combustion-synthesized Rh/CeO_2 catalyst studied by XRD, TEM, XPS, and EXAFS. Chemistry of Materials, 2004, 16: 2317 - 2328.

[10] Colussi S, Gayen A, Camellone M F, Boaro M, Llorca J, Fabris S, Trovarelli A. Nanofaceted Pd-O sites in Pd-Ce surface superstructures: Enhanced activity in catalytic combustion of methane. Angewandte Chemie International Edition, 2009, 48: 8481 - 8484.

[11] Chen W F, Li F S, Yu J Y, Liu L L. A facile and novel route to high surface area ceria-based nanopowders by salt-assisted solution combustion synthesis. Materials Science and Engineering B, 2006, 133: 151 - 156.

[12] Chen W F, Hong J M, Li Y X. Facile fabrication of perovskite single-crystalline $LaMnO_3$ nanocubes via a salt-assisted solution combustion process. Journal of Alloys and Compounds, 2009, 484: 846 - 850.

[13] Chen W F, Li F S, Yu J Y. Salt-assisted combustion synthesis of

highly dispersed perovskite $NdCoO_3$ nanoparticles. Materials Letters, 2007, 61: 397 - 400.

[14] Zhang X J, Jiang W, Song D, Sun H J, Sun Z D, Li F S. Salt-assisted combustion synthesis of highly dispersed superparamagnetic $CoFe_2O_4$ nanoparticles. Journal of Alloys and Compounds, 2009, 475: L34 - L37.

[15] Tong Y P, Zhao S B, Wang X, Lu L D. Synthesis and characterization of $Er_2Sn_2O_7$ nanocrystals by salt-assistant combustion method. Journal of Alloys and Compounds, 2009, 479: 746 - 749.

[16] Tong Y P, Wang Y P. Salt-assistant combustion synthesis of nanocrystalline $Nd_2(Zr_{1-x}Sn_x)_2O_7$ ($0 \leqslant x \leqslant 1$) solid solutions. Materials Characterization, 2009, 60: 1382 - 1386.

[17] Varma A, Mukasyan A S, Rogachev A S, Manukyan K V. Solution combustion synthesis of nanoscale materials. Chemical Reviews, 2016, 116: 14493 - 14586.

[18] Guo J, Liu Q, Wang C, Zachariah M R. Interdispersed amorphous MnO_x-Carbon nanocomposites with superior electrochemical performance as lithium-storage material. Advanced Functional Materials, 2012, 22: 803 - 811.

[19] Xua Y, Jian G, Liu Y, Zhu Y, Zachariaha M R, Wang C. Superior electrochemical performance and structure evolution of mesoporous Fe_2O_3 anodes for lithium-ion batteries. Nano Energy, 2014, 3: 26 - 35.

[20] Wang Z Y, Zhou L, Lou X W. Metal oxide hollow nanostructures for lithium-ion batteries. Advanced Materials, 2012, 24: 1903 - 1911.

[21] Prieto G, Tüysüz H, Duyckaerts N, Knossalla J, Wang G H, Schüth F. Hollow nano-and microstructures as catalysts. Chemical Re-

views，2016，116：14056－14119.

[22] Trusov G V，Tarasov A B，Goodilin E A，Rogachev A S，Roslyakov S I，Rouvimov S，Podbolotov K B，Mukasyan A S. Spray solution combustion synthesis of metallic hollow microspheres. Journal of Physical Chemistry C，2016，120：7165－7171.

[23] Xu Y，Jian G，Zachariah M R，Wang C. Nano-structured carbon-coated CuO hollow spheres as stable and high rate anodes for lithium-ion batteries. Journal of Materials Chemistry A，2013，1：15486－15490.

[24] Chen Q，Liu Q，Chu X，Zhang Y，Yan Y，Xue L，Zhang W. Ultrasonic-assisted solution combustion synthesis of porous $Na_3V_2(PO_4)_3$/C：Formation mechanism and sodium storage performance. Journal of Nanoparticle Research，2017，19：146.

[25] Zhou Q，Xue L，Wang Y，Li H，Chikada T，Oya Y，Yan Y. Preparation of Li_2TiO_3 ceramic with nano-sized pores by ultrasonic-assisted solution combustion. Journal of the European Ceramic Society，2017，37：3595－3602.

[26] Mukasyan A S，Dinka P. Novel method for synthesis of nano-materials：Combustion of active impregnated layers. Advanced Engineering Materials，2007，9：653－657.

[27] Mukasyan A S，Dinka P. US-patent：WO2007019332－A1.

[28] Mukasyan A S. Solution combustion as a promising method for the synthesis of nanomaterials. Advances in Science and Technology，2010，63：187－196.

[29] Lan A，Mukasyan A S. Perovskite-based catalysts for direct methanol fuel cells. The Journal of Physical Chemistry C，2007，26：9573－9582.

[30] Lan A，Mukasyan A S. Complex $SrRuO_3$-Pt and $LaRuO_3$-Pt catalysts for direct alcohol fuel cells. Industrial & Engineering Chemistry Re-

search，2008，47：8989－8994.

[31] Dinka P，Mukasyan A S. Perovskite catalysts for the auto-reforming of sulfur containing fuels. Journal of Power Sources，2007，167：472－481.

[32] Kumar A，Mukasyan A S，Wolf E E. Impregnated layer combustion synthesis method for preparation of multicomponent catalysts for the production of hydrogen from oxidative reforming of methanol. Applied Catalysis A：General，2010，372：175－183.